# 中国气候变化蓝皮书（2021）

Blue Book on Climate Change in China (2021)

中国气象局气候变化中心　编著

科学出版社

北　京

# 内 容 简 介

为更好地理解气候变化的科学事实，全面反映中国在气候变化监测检测与驱动力因素等方面的新成果、新进展，中国气象局气候变化中心组织60余位专家编写了《中国气候变化蓝皮书（2021）》。全书内容分为五章，分别从大气圈、水圈、冰冻圈、生物圈、气候变化驱动因子等方面提供中国、亚洲和全球气候变化状态的最新监测信息，可为各级政府制定气候变化相关政策提供科技支撑，并为满足国内外科研与技术交流需要，提升气候变化业务服务能力，更好地开展气候变化科普宣传、科学应对气候变化提供基础信息。

本书可供各级决策部门，以及气候、环境、农业、林业、水资源、能源、经济和外交等领域的科研与教学人员参考使用，也可供对气候和生态环境变化感兴趣的读者阅读。

审图号：GS（2021）5062 号

**图书在版编目（CIP）数据**

中国气候变化蓝皮书. 2021/中国气象局气候变化中心编著. —北京：科学出版社，2021.8
ISBN 978-7-03-069503-1

Ⅰ.①中⋯ Ⅱ.①中⋯ Ⅲ.①气候变化—白皮书—中国—2021 Ⅳ.①P467

中国版本图书馆CIP数据核字（2021）第154241号

责任编辑：杨逢渤　李嘉佳 / 责任校对：樊雅琼
责任印制：赵　博 / 封面设计：无极书装

科学出版社 出版
北京东黄城根北街 16 号
邮政编码：100717
http://www.sciencep.com
北京中科印刷有限公司印刷
科学出版社发行　各地新华书店经销
*
2021年8月第　一　版　　开本：787×1092　1/16
2024年11月第三次印刷　　印张：7 1/2
字数：180 000

**定价：128.00元**
（如有印装质量问题，我社负责调换）

# 《中国气候变化蓝皮书（2021）》
# 编写委员会

顾　　问　秦大河　丁一汇
主　　编　宋连春
副 主 编　巢清尘　王朋岭
编写专家　（以姓氏笔画为序）

|  |  |  |  |  |
|---|---|---|---|---|
| 马丽娟 | 王　波 | 王　慧 | 王　冀 | 王长科 |
| 王东阡 | 王艳姣 | 王遵娅 | 车慧正 | 方　锋 |
| 艾婉秀 | 申彦波 | 田沁花 | 成里京 | 朱　琳 |
| 朱晓金 | 任玉玉 | 刘　敏 | 刘洪滨 | 刘彩红 |
| 闫宇平 | 许红梅 | 孙兰东 | 杜　军 | 李子祥 |
| 李忠勤 | 杨　溯 | 杨明珠 | 吴通华 | 何　健 |
| 何晓波 | 张　勇 | 张晔萍 | 张培群 | 张颖娴 |
| 陈光程 | 陈燕丽 | 邵佳丽 | 周　兵 | 周芳成 |
| 郑永光 | 郑向东 | 荆俊山 | 柳艳菊 | 段春锋 |
| 侯　威 | 洪洁莉 | 袁　媛 | 贾小芳 | 徐文慧 |
| 郭兆迪 | 郭建广 | 郭艳君 | 黄　晖 | 黄　磊 |
| 曹丽娟 | 龚　强 | 康世昌 | 梁　苗 | 靳军莉 |
| 廖要明 | 翟建青 | 戴君虎 |  |  |

# 序

　　近百年来，受人类活动和自然因素的共同影响，世界正经历着以全球变暖为显著特征的气候变化，全球气候变暖已深刻影响人类的生存和发展。国际社会已日益意识到气候变暖对人类当代及未来生存空间的严重威胁和挑战，以及共同采取应对措施减少和防范气候风险的重要性和紧迫性。党的十八大以来，在以习近平同志为核心的党中央坚强领导下，我国积极应对气候变化，全力推动绿色低碳发展，成为全球生态文明建设的重要参与者、贡献者、引领者。2020年9月，党中央经过深思熟虑做出了2030年前实现碳达峰、2060年前实现碳中和的重大战略决策，这既是我国实现可持续发展、高质量发展的内在要求，也是推动构建人类命运共同体的必然选择，充分展现了我国积极应对全球气候变化、推动全球可持续发展的责任担当，为世界各国树立了标杆和典范。

　　2020年，全球平均温度较工业化前水平（1850～1900年平均值）高出1.2℃，2011～2020年是有完整气象观测记录以来最暖的十年；全球海洋热含量和平均海平面高度均再创新高；冰川强烈消融；全球气候风险不断加剧。在全世界正在面临新冠肺炎疫情这一人类共同灾难的同时，气候变暖仍未止步，高温热浪、极端降水、强风暴、区域性气象干旱等高影响和极端天气气候事件频发，对人类社会经济系统和自然生态系统产生了诸多的不利影响。

　　中国是全球气候变化的敏感区和影响显著区之一。20世纪中叶以来，中国区域升温率明显高于同期全球平均水平。2020年，我国暴雨洪涝、台风、干旱、强对流、高温等极端天气气候事件多发，主汛期长江流域和黄河流域平均降水量均为1961年以来同期最多；南方高温极端性强、持续时间长；8月下旬至9月上旬半个月内连续3个台风北上影响东北地区，为1949年以来首次出现；全国综合气候风险指数明显偏高。气候变化对中国粮食安全、人体健康、水资源、生态环境、能源、重大工程、社会经济发展等诸多领域构成严峻挑战，气候风险水平趋高。科学把握气候变化规律，有效降低气候风险，合理开发利用气候资源，是科学应对气候变化的基础。多年来，中国气象局认真履行政府职能，不断加强气候变化监测、科学研究、预测预估、影响评估、决策服务和能力建设，切实发挥在国家应对气候变化中的科技支撑作用。

为满足低碳发展和绿色发展的时代需求，科学推进应对气候变化、防灾减灾和生态文明建设，中国气象局气候变化中心组织编制了《中国气候变化蓝皮书（2021）》，提供中国、亚洲和全球气候变化的最新监测信息。蓝皮书内容翔实，科学客观地反映了气候变化的基本事实。未来，中国气象局将全面贯彻新发展理念，按照精密监测、精准预测、精细服务的总体要求，以国家积极应对气候变化、稳步推进生态文明建设、着力实现经济社会可持续发展等重大需求为引领，加快科技创新，加强气候变化监测评估和适应与减缓对策研究，为国家和区域应对气候变化提供权威的科学数据、高质量的产品服务，全面提升应对气候变化科技支撑水平和服务国家战略决策的能力，以期与社会各界同仁一道协力配合，为实现碳达峰、碳中和目标和全球气候治理做出应有的积极贡献。

该书编制过程中，自然资源部、水利部、中国科学院等提供了大量的观测资料和基础数据。在此一并对付出辛勤劳动的科技工作者表示诚挚的感谢！

中国气象局党组书记、局长

2021 年 5 月

# 目　　录

# 摘　　要

气候系统的综合观测和多项关键指标表明，全球变暖趋势在持续。2020 年，全球平均温度较工业化前水平高出 1.2℃，是有完整气象观测记录以来的三个最暖年份之一；2011 ～ 2020 年是有完整气象观测记录以来最暖的十年。2020 年，亚洲陆地表面平均气温比常年值（本报告使用 1981 ～ 2010 年气候基准期）偏高 1.06℃，是 1901 年以来的最高值。2020 年，东亚夏季风强度偏强、冬季风强度略偏弱，南亚夏季风强度偏弱，夏季西北太平洋副热带高压面积异常偏大、强度异常偏强、西伸脊点位置偏西。

1901 ～ 2020 年，中国地表年平均气温呈显著上升趋势，平均每 10 年升高 0.15℃；近 20 年是 20 世纪初以来的最暖时期；1901 年以来的 10 个最暖年份中，有 9 个均出现在 21 世纪。1961 ～ 2020 年，中国各区域年平均气温呈一致性的上升趋势，且升温速率区域差异明显，北方增温速率明显大于南方地区，西部地区大于东部地区；其中青藏地区增温速率最大，平均每 10 年升高 0.36℃；华南和西南地区升温速率相对较缓，平均每 10 年分别升高 0.18℃和 0.17℃。1961 ～ 2020 年，中国上空对流层气温呈显著上升趋势，而平流层下层（100hPa）气温表现为下降趋势。

1961 ～ 2020 年，中国平均年降水量呈增加趋势，平均每 10 年增加 5.1 mm，且年代际变化特征明显；20 世纪 80 ～ 90 年代年降水量以偏多为主，21 世纪最初十年总体偏少，2012 年以来持续偏多。1961 ～ 2020 年，东北中北部、江淮至江南大部、青藏高原中北部、西北中部和西部年降水量呈增加趋势；而东北南部、华北东南部、黄淮大部、西南地区东部和南部、西北地区东南部年降水量呈减少趋势。21 世纪初以来，西北、东北和华北地区平均年降水量波动上升，华东和东北地区降水量年际波动幅度增大。2020 年，中国平均降水量为 694.8 mm，较常年值偏多 10.3%。1961 ～ 2020 年，中国平均年降水日数呈显著减少趋势，而年累计暴雨站日数呈增加趋势；2020 年，中国年累计暴雨站日数较常年值偏多 24.1%，为 1961 年以来第二多。

1961 ～ 2020 年，中国平均相对湿度阶段性变化特征明显，20 世纪 60 年代中期至 80 年代中期相对湿度偏低，1989 ～ 2003 年以偏高为主，2004 ～ 2014 年总体偏低，2015 年以来转为偏高。1961 ～ 2020 年，中国平均风速和日照时数均呈下降趋势；

2015 年以来平均风速出现小幅回升。1961 ～ 2020 年，中国平均 ≥ 10℃的年活动积温呈显著增加趋势；2020 年 ≥ 10℃活动积温较常年值偏多 228.8 ℃·d。

1961 ～ 2020 年，中国极端强降水事件呈增多趋势，极端低温事件显著减少，极端高温事件自 20 世纪 90 年代中期以来明显增多。1949 ～ 2020 年，西北太平洋和南海台风生成个数呈减少趋势；20 世纪 90 年代后期以来登陆中国台风的平均强度波动增强；2020 年，西北太平洋和南海台风生成个数为 23 个，其中 5 个登陆中国；登陆中国台风的平均强度较常年值略偏强。1961 ～ 2020 年，北方地区平均沙尘日数呈显著减少趋势，近年来达最低值并略有回升。1992 ～ 2020 年，中国酸雨总体呈减弱、减少趋势；2020 年，全国平均降水 pH 为 5.90；平均强酸雨频率为 2.5%，为 1992 年以来的最低值。1961 ～ 2020 年，中国气候风险指数呈升高趋势，且阶段性变化明显；20 世纪 90 年代初以来气候风险指数明显增高；2020 年，中国气候风险指数为 10.8，为 1961 年以来第三高值。

1870 ～ 2020 年，全球平均海表温度表现为显著升高趋势，并伴随年代际波动，2000 年之后全球平均海表温度较常年值持续偏高。2020 年，全球平均海表温度为 1870 年以来的第四高值；全球大部分海域海表温度较常年值偏高，而赤道东太平洋海表温度较常年值偏低。1951 ～ 2020 年，赤道中东太平洋共发生了 21 次厄尔尼诺和 15 次拉尼娜事件；赤道中东太平洋于 2020 年 8 月进入拉尼娜状态，2020 年 12 月形成一次中等强度的拉尼娜事件，此次拉尼娜事件于 2020 年 11 月达到峰值。2020 年，热带印度洋平均海表温度为 1951 年以来第三高值，仅次于 2015 年和 2016 年。

1958 ～ 2020 年，全球海洋热含量呈显著增加趋势，且海洋变暖在 20 世纪 90 年代后显著加速。2020 年，全球海洋热含量再创新高，较常年值偏高 $23.4 \times 10^{22}$ J，比 2019 年高出 $2.0 \times 10^{22}$ J。2011 ～ 2020 年是有现代海洋观测以来海洋最暖的 10 个年份。

气候变暖背景下，全球平均海平面呈加速上升趋势，上升速率从 1901 ～ 1990 年的 1.4 mm/a 增加至 1993 ～ 2020 年的 3.3 mm/a；2020 年为有卫星观测记录以来的最高值。1980 ～ 2020 年，中国沿海海平面变化总体呈波动上升趋势，上升速率为 3.4 mm/a，高于同期全球海平面平均水平。2020 年，中国沿海海平面为 1980 年以来的第三高位，较 1993 ～ 2011 年平均值高 73 mm。

1961 ～ 2020 年，中国地表水资源量年际变化明显，20 世纪 90 年代以偏多为主，2003 ～ 2013 年总体偏少，2015 年以来地表水资源量转为以偏多为主。2020 年，中国地表水资源量较常年值偏多 8.9%；松花江、淮河和长江流域地表水资源量明显偏多，依次较常年值偏多 37.5%、24.3% 和 22.3%，其中长江和松花江流域地表水资源量均为 1961 年以来最多，淮河流域为 1961 年以来第三多。2020 年 8 月，鄱阳湖水体面积为

4110 km²，是 1989 年以来同期第二大值，仅小于 1998 年 8 月；1961 ～ 2004 年，青海湖水位呈显著下降趋势；2005 年以来，青海湖水位连续 16 年回升；2020 年，青海湖水位为 3196.34 m，已达到 20 世纪 60 年代初期的水位。

1960 ～ 2020 年，全球山地冰川整体处于消融退缩状态，1985 年以来山地冰川消融加速。2020 年，全球参照冰川总体处于物质高亏损状态，平均物质平衡为 –982 mm w.e.。中国天山乌鲁木齐河源 1 号冰川、阿尔泰山区木斯岛冰川和长江源区小冬克玛底冰川均呈加速消融趋势，2020 年冰川物质平衡分别为 –712 mm w.e.、–666 mm w.e. 和 –264 mm w.e.，物质损失强度均低于全球参照冰川平均水平；2020 年，乌鲁木齐河源 1 号冰川东、西支末端分别退缩了 7.8 m 和 6.7 m，木斯岛冰川末端退缩了 9.9 m，大、小冬克玛底冰川末端分别退缩了 10.1 m 和 15.7 m，其中小冬克玛底冰川末端退缩距离为有观测记录以来的最大值。

1981 ～ 2020 年，青藏公路沿线多年冻土区活动层厚度呈显著的增加趋势，平均每 10 年增厚 19.4 cm；2004 ～ 2020 年，活动层底部温度呈显著的上升趋势，多年冻土退化明显；2020 年，平均活动层厚度为 237 cm，是有观测记录以来的第四高值。2002 ～ 2020 年，中国西北积雪区和东北及中北部积雪区平均积雪覆盖率均呈弱的下降趋势；青藏高原积雪区平均积雪覆盖率略有增加，年际振荡明显。2020 年，东北及中北部、青藏高原和西北积雪区平均积雪覆盖率分别为 38.6%、35.4% 和 27.8%，其中西北积雪区平均积雪覆盖率为近 5 年最低。

1979 ～ 2020 年，北极海冰范围呈显著减小趋势，3 月和 9 月海冰范围平均每 10 年分别减少 2.6% 和 13.1%；2020 年，3 月和 9 月北极海冰范围较常年值分别偏小 4.2% 和 38.9%，其中 9 月海冰范围为有卫星观测记录以来的同期第二低值。1979 ～ 2020 年，南极海冰范围无显著的线性变化趋势；1979 ～ 2015 年，南极海冰范围波动上升；但 2016 年以来海冰范围总体以偏小为主。2020 年，9 月南极海冰范围接近常年值略偏大；2 月南极海冰范围较常年值偏小 6.5%。2019/2020 年冬季，渤海海冰初冰日出现于 2019 年 12 月上旬，终冰日出现于 2020 年 2 月下旬，属轻冰年；渤海全海域最大海冰面积为 7709 km²，为 1994 年以来冬季最大海冰面积的第二低值。

1961 ～ 2020 年，中国年平均地表温度呈显著上升趋势；2020 年，中国平均地表温度较常年值偏高 1.3℃，为 1961 年以来的第二高值。1993 ～ 2020 年，中国不同深度（10 cm、20 cm 和 50 cm）年平均土壤相对湿度总体均呈增加趋势；2020 年，10cm、20cm 和 50cm 深度平均土壤相对湿度分别为 75%、79% 和 81%，较 2019 年依次上升 3%、3% 和 2%。

2000 ～ 2020 年，中国年平均归一化差植被指数（normalized difference vegetation index，NDVI）呈显著上升趋势，全国整体的植被覆盖稳定增加，呈现变绿趋势；2020年，中国平均NDVI为0.380，较2000～2019年平均值上升7.6%，为2000年以来的最高值。1963～2020年，中国不同地区代表性植物春季物候期均呈显著提前趋势，秋季物候期年际波动较大；2020年，北京站玉兰展叶始期偏早15天，为有观测记录以来最早。2007～2020年，寿县国家气候观象台农田生态系统主要表现为二氧化碳（$CO_2$）净吸收；2020年，受汛期降水异常偏多影响，二氧化碳通量为–2.18 kg/（$m^2 \cdot a$），净吸收有所下降。2005～2020年，石羊河流域荒漠面积呈减小趋势，沙漠边缘外延速度总体趋缓。2000～2020年，广西石漠化区秋季植被指数呈显著增加趋势，区域生态状况稳步向好。

过去30年，中国海域的活造礁石珊瑚覆盖率呈下降趋势；2010年以来，南海珊瑚热白化现象不断出现，气候变暖对南海珊瑚礁的影响逐渐凸显。2020年，受夏季海水温度持续偏高影响，南沙群岛、西沙群岛、海南岛、台湾岛、雷州半岛和北部湾等海域均出现严重的珊瑚热白化事件。20世纪70年代以来，中国红树林面积呈先减少后增加的趋势，2019年恢复至289 $km^2$。

2020年，太阳活动进入1755年以来的第25个活动周，太阳黑子相对数年平均值为8.6±13.8，太阳活动水平较第24个活动周同期（2009年太阳黑子相对数4.8±8.9）略偏高。1961～2020年，中国陆地表面平均接收到的年总辐射量趋于减少；2020年，中国平均年总辐射量为1447.0（kW·h）/$m^2$，较常年值偏少26.4（kW·h）/$m^2$；东北地区中部、华东地区中东部、华中地区大部、西南地区东部、青藏高原中东部和西北地区东南部部分地区年总辐射量偏低超过5%，河北东南部、河南北部、福建东南部、四川东部、西北地区局部偏高1%以上。

1990～2019年，中国青海瓦里关全球大气本底站大气二氧化碳浓度逐年稳定上升；2019年，该站大气二氧化碳、甲烷（$CH_4$）和氧化亚氮（$N_2O$）的年平均浓度分别达到：411.4±0.2 ppm[①]、1931±0.3 ppb[②]和332.6±0.1 ppb，与北半球中纬度地区平均浓度大体相当，均略高于2019年全球平均值。2004～2014年，北京上甸子、浙江临安和黑龙江龙凤山区域大气本底站气溶胶光学厚度年平均值波动增加；2015～2020年，均呈明显降低趋势。2020年，北京上甸子站气溶胶光学厚度平均值较2019年略有降低，浙江临安站和黑龙江龙凤山站气溶胶光学厚度平均值较2019年均大幅下降。

---

①ppm，干空气中每百万（$10^6$）个气体分子中所含的该种气体分子数。
②ppb，干空气中每十亿（$10^9$）个气体分子中所含的该种气体分子数。

# Summary

Global warming is further continuing, as can be seen from the integrated observations and multiple key indicators of the climate system. In 2020, the global annual mean temperature was approximately 1.2℃ above the pre-industrial period, making this year one of the three warmest since complete meteorological observation records began. 2011-2020 stood out as the warmest decade in the historical record of modern meteorological observation. The annual mean land surface air temperature was 1.06℃ higher than normal （with 1981-2010 taken as a reference period here） in Asia in 2020, the highest since 1901. In 2020, the East Asian summer monsoon was strong and the winter monsoon weak in intensity, while the South Asian summer monsoon weak, with the Western North Pacific subtropical high being abnormally large in extent, abnormally strong in intensity, and the western end of the ridge being westward in position.

During 1901-2020, China witnessed a significantly increased annual mean land surface air temperature, with an average increase of 0.15℃ per decade and with the past two decades being the warmest period since the beginning of the 20th century. Of the ten warmest years since 1901, nine are in the 21st century. During 1961-2020, the regional annual mean land surface air temperature in China, which was on the rise, differed remarkably by region. The northern China was warming apparently faster than the southern, while the western faster than the eastern, with the fastest warming found in the Qinghai-Xizang region by an average increase of 0.36℃ per decade. The South China and Southwest China were relatively slow in warming, with an average increase of 0.18℃ and 0.17℃ respectively per decade. During 1961-2020, the air temperature over China looked significantly upward in the troposphere while downward in the lower stratosphere （100hPa）.

During 1961-2020, the annual precipitation averaged over China tended to increase, with an average increase of 5.1 mm per decade that was significantly characterized with an inter-decadal variation. In the 1980s and 1990s, China had above-normal precipitation, while in the first decade of this century, generally below-normal, and above-normal again since 2012. During 1961-2020, the annual precipitation tended to increase in the central and northern Northeast China, the most parts from Jianghuai to Jiangnan, the central and northern Qinghai-Xizang Plateau, the central and western Northwest China, while that to decrease in the southern Northeast China, the southeastern North China, most of Huanghuai, the eastern and southern Southwest China, and the southeastern Northwest China. Since the beginning of the 21st century, the annual mean precipitation has increased in fluctuation in the Northwest China, Northeast China and North China, with a more dramatic interannual fluctuation in precipitation found in the East China and Northeast China. In 2020, the annual mean precipitation in China was 694.8 mm, 10.3% above normal. During 1961-2020, China saw a significant decrease in the number of rainy days, while an increase in that of accumulated annual rainstorm days, with the latter being 24.1% higher than normal in 2020, which is the second biggest since 1961.

During 1961-2020, China registered an average relative humidity significantly characterized with an episodic fluctuation. During the mid-1960s to mid-1980s, the relative humidity was low, while mainly high during 1989-2003, generally low during 2004-2014, and high again since 2015. During 1961-2020, China reported a decrease in average wind speed and sunshine duration, with the former slightly increasing from 2015 to 2020. During the same period, China registered a significant increase in $\geqslant 10℃$ active accumulated temperature, which, in 2020, was 228.8℃·d more than normal.

During 1961-2020, China had an increasing number of extreme precipitation events and a significantly reduced number of extreme low temperature events. Extreme high temperature events have increased significantly since the mid-1990s. During 1949-2020, the number of typhoons genesis in the Western North Pacific and the South China Sea tended to decrease. However, the typhoons landing in China since the late 1990s experienced a fluctuating enhancement in mean intensity. In 2020, the Western North Pacific and the South China Sea gave birth to 23 typhoons, of which 5 made landfall in China with a slightly stronger mean intensity than normal. During 1961-2020, the northern China reported a significantly decreasing number of sand-dust days, reaching the lowest and picking up slightly in recent years. During 1992-2020, China saw a weakening and decreasing trend for acid rain in general. In 2020, the countrywide average precipitation pH was 5.90 with an average severe acid rain frequency of 2.5%, the lowest since 1992. During 1961-2020, China's climate risk index looked upward with an obvious episodic variation. Since the early 1990s, the climate risk index has increased significantly, standing at 10.8 in China in 2020, the third highest since 1961.

During 1870-2020, the global mean sea surface temperature (SST) showed a significant increase, featuring inter-decadal fluctuations, with sustained high global mean SST since 2000. In 2020, the global mean SST was the fourth highest since 1870, the SSTs in most of the world's waters were higher than normal, while the SSTs of the eastern equatorial Pacific lower than normal. During 1951-2020, the central and eastern equatorial Pacific experienced 21 El Niño and 15 La Niña events in total. The central and eastern equatorial Pacific entered into the La Niña state in August 2020, with a moderate La Niña event breaking out in December, which peaked in November. In 2020, the mean SST in the tropical Indian Ocean was the third highest since 1951, next only to 2015 and 2016.

During 1958-2020, the global ocean heat content (OHC) showed a significant increase, with ocean warming accelerating significantly since the 1990s. In 2020, global OHC set a new record, which is the highest in modern ocean observations, $23.4 \times 10^{22}$ J higher than normal and $2.0 \times 10^{22}$ J higher than that in 2019. 2011-2020 is the warmest decade since modern ocean observation began.

In the context of climate warming, the global mean sea-level (GMSL) rise accelerated from 1.4 mm/a during 1901-1990 to 3.3 mm/a during 1993-2020, with the highest registered on satellite record in 2020. During 1980-2020, the sea level along China's coast experienced a fluctuating rise at 3.4 mm/a, higher than the global average rising rate in the same period. In 2020, the sea level along China's coast was 73 mm higher than the average for the period of 1993-2011, the third highest since 1980.

During 1961-2020, China experienced an obvious inter-annual variation in surface water resources, which was mostly more than normal in the 1990s and generally less than normal from 2003 to 2013, and mostly more than normal again since 2015. In 2020, China registered 8.9% more than normal in surface water resources, with Songhuajiang River, Huaihe River and Yangtze River basins being obviously more than normal by 37.5%, 24.3% and 22.3%, respectively, the Yangtze River and Songhuajiang River basins the largest since 1961, and the Huaihe the third largest since 1961. In August 2020, Poyang Lake had a water body area of 4110 km$^2$, the second largest in the same period since 1989, only less than that in August 1998. During 1961-2004, Qinghai Lake tended to significantly decrease in water level，which has risen for 16 consecutive years since 2005. In 2020，Qinghai Lake，which was 3196.34 m in water level，reached that recorded in the early 1960s.

During 1960-2020，the global mountain glaciers were as a whole melting and shrinking，the former of which has accelerated since 1985. In 2020，the global reference glaciers were overall suffering from high mass losses，with –982 mm w.e. of mean mass balance registered. The accelerated melting was seen in Glacier No.1 at the headwaters of Urumqi River in Tianshan Mountain，Muz Taw Glacier in the Altai Mountains and Xiaodongkemadi Glacier in the source region of the Yangtze River，with their mass balances in 2020 being –712 mm w.e.，–666 mm w.e. and –264 mm w.e.，respectively，all of which were lower than the annual mean mass loss of global reference glaciers. In 2020，the retreat distances were 7.8 m and 6.7 m at the ends of the east and west branches of Glacier No.1 respectively；9.9 m at the end of the Muz Taw Glacier；10.1 m and 15.7 m at the ends of Dadongkemadi and Xiaodongkemadi Glaciers respectively，with the latter being the maximum since the observation was recorded.

During 1981-2020，the permafrost zone along the Qinghai-Xizang highway experienced a significant increase in active layer thickness，with an average thickening of 19.4 cm per decade. During 2004-2020，prominent warming was observed at the bottom of the active layer，with a significant permafrost degradation. In 2020，the mean active layer thickness of permafrost zone along the Qinghai-Xizang highway was 237 cm，which is the fourth highest on record. During 2002-2020，the snow cover fraction in the snow-covered regions in the Northwest China，Northeast China and central North China tended to decrease averagely and mildly，while that in the Qinghai-Xizang Plateau increased slightly，with an obvious inter-annual oscillation. In 2020，the Northeast China and central North China，Qinghai-Xizang Plateau and Northwest China snow-covered regions registered an average snow cover fraction of 38.6%，35.4% and 27.8%，respectively，with that in the Northwest China being the lowest in recent five years.

The period of 1979-2020 witnessed a significantly reduced Arctic sea ice extent，with the March and September sea ice extent decreasing by 2.6% and 13.1% per decade，respectively. In 2020，the March and September Arctic sea ice extent was 4.2% and 38.9% less than normal，respectively，with the September one being the second lowest on satellite record. During 1979-2020，the Antarctic sea ice extent showed no significant linear change，while during 1979-2015，it saw a fluctuating expansion，generally remaining small since

2016. In 2020, the September Antarctic sea ice extent was close to but slightly larger than normal, while the February one was less than normal by 6.5%. In 2019/2020 winter, the first freezing date in Bohai Sea appeared in early December 2019, while the ending date in late February 2020, hence a year of light icing. The maximum sea ice extent in Bohai Sea, which was 7709 km$^2$, is the second lowest in winter since 1994.

During 1961-2020, China witnessed a significantly increased annual mean land surface temperature; the 2020 mean land surface temperature in China was 1.3 ℃ higher than normal, the second highest since 1961. During 1993-2020, China reported a general increase in the annual mean relative soil moisture at different depths (10 cm, 20 cm and 50 cm), which were 75%, 79% and 81% respectively in 2020 or 3%, 3% and 2% higher than that in 2019.

During 2000-2020, China saw a significant increase in the normalized difference vegetation index (NDVI) and a steady increase in the overall vegetation coverage as a greening trend. In 2020 China's NDVI was 0.380, 7.6% higher than the average for 2000-2019, the highest since 2000. During 1963-2020, typical plants in different regions of China saw an earlier phenological period in spring, but a remarkably and inter-annually fluctuating one in autumn. In 2020, the first leaf date of *Magnolia grandiflora* in Beijing station was 15 days earlier to begin, which is the earliest since the observation was recorded. During 2007-2020, the farmland ecosystem at the Shou County National Climate Observatory was mainly featured with net $CO_2$ uptake. In 2020, the abnormally plentiful precipitation in the flood season led to a $CO_2$ flux of –2.18 kg/ (m$^2$ • a), with decreased net uptake. During 2005-2020, the Shiyang River Basin witnessed a shrinking desert area, the peripheral expansion of which was generally slowing down. During 2000-2020, Guangxi experienced a significantly increased autumn NDVI in the rockification area and an improved regional ecological environment.

In the past 30 years, the coverage rate of living reef coral has been declining in China's seas. Since 2010, the coral thermal bleaching has been emerging in the South China Sea, where the impact of global warming has been increasingly felt by coral reefs. In 2020, there was a severe coral thermal bleaching event breaking out in waters at Nansha Islands, Xisha Islands, Hainan Island, Taiwan Island, Leizhou Peninsula and Beibu Gulf due to the continuously warmer sea water in summer. Since the 1970s, China's mangrove has decreased first and then increased in extent, returning to 289 km$^2$ in 2019.

In 2020, the solar activity entered into the 25th cycle since 1755, with the relative annual average sunspots standing at 8.6 ± 13.8 and its level being slightly higher than that in the same period of the 24th active cycle （The relative number of sunspots in 2009 was 4.8 ± 8.9）. During 1961-2020，the annual mean total solar radiation received on land surface over China decreased. In 2020，it stood at 1447.0 （kW · h）/m², 26.4 （kW · h）/m² less than normal. The annual total solar radiation was over 5% less than normal in the central Northeast China，central and eastern East China，most of the Central China，eastern Southwest China，central and eastern Qinghai-Xizang Plateau and parts of the southeastern Northwest China，while 1% or above higher than normal in southeastern Hebei，northern Henan，southeastern Fujian，eastern Sichuan and some of the Northwest China.

During 1990-2019，the atmospheric $CO_2$ concentration observed at the Waliguan atmospheric background station in China climbed steadily year by year. In 2019，the annual mean concentration of $CO_2$, methane （$CH_4$）and nitrous oxide （$N_2O$）stood at $411.4 \pm 0.2$ ppm[①], $1931 \pm 0.3$ ppb[②] and $332.6 \pm 0.1$ ppb, respectively，comparable with that in mid-latitudes of the Northern Hemisphere，which were all slightly higher than the 2019 global average concentration. Shangdianzi in Beijing，Lin'an in Zhejiang and Longfengshan in Heilongjiang three regional atmospheric background stations — reported a fluctuating increase in annual mean aerosol optical depth （AOD）from 2004 to 2014，while a significant decline from 2015 to 2020. In 2020，the mean AOD of Shangdianzi was slightly lower than that in 2019，while that of Lin'an and Longfengshan was significantly lower than that in 2019.

---

① ppm = number of molecules of the gas per million （$10^6$）molecules of dry air.
② ppb = number of molecules of the gas per billion （$10^9$）molecules of dry air.

# 第1章 大 气 圈

大气圈既是气候系统中最重要的组成部分，也是气候系统中最不稳定、变化最快的圈层。大气圈不但受到水圈、生物圈、冰冻圈和岩石圈的直接作用与影响，而且与人类活动有最密切的关系，气候系统中其他圈层变化产生的影响都会反映在大气圈中。大气圈从地表到 12 ~ 16 km 的部分称为对流层，这是人类活动最集中，也是变化最剧烈的大气层。对流层以上到 50 km 左右是平流层，这里主要是臭氧层存在的地方。平流层之上是中间层和电离层以及外层空间。大气圈主要通过大气成分及太阳活动和地球反照率变化驱动下的辐射收支变化来影响地球的气候。因而认识气候系统变化，首先需要借助定量的指标来监测大气圈的长期变化。温度、降水、湿度、风速等基本气候要素及极端天气气候事件指数是目前监测气候和气候变化的核心指标，已经在气候变化科学研究与业务服务中得到广泛应用。此外，表征大气环流变化（如季风、副热带高压、北极涛动等）的一些指标也是监测气候变化的重要指标。

## 1.1 全球和亚洲温度

### 1.1.1 全球地表平均温度

根据世界气象组织（World Meteorological Organization，WMO）发布的《2020年全球气候状况声明》，2020 年全球地表平均温度较工业化前水平（1850 ~ 1900年平均值）高出 1.2℃，为有完整气象观测记录以来最暖的 3 个年份之一（WMO，2021）。有完整气象观测记录以来的 6 个最暖年份，均出现在 2015 年以来；2011 ~ 2020 年是 1850 年以来最暖的十年；20 世纪 80 年代以来，每个连续十年都比前一个十年更暖（图 1.1）。长序列观测资料和再分析数据集综合分析表明：全球变暖趋势进一步持续。

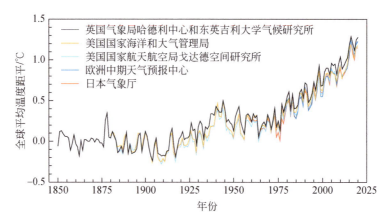

图 1.1　1850～2020 年全球平均温度距平（相对于 1850～1900 年平均值）

根据 WMO《2020 年全球气候状况声明》改绘

Figure 1.1　Global annual mean temperature anomalies from 1850 to 2020 (relative to 1850-1900)

Modified from WMO *Statement on the State of the Global Climate in 2020*

## 1.1.2　亚洲陆地表面平均气温

1901～2020 年，亚洲陆地表面年平均气温总体呈明显上升趋势，20 世纪 60 年代末以来，升温趋势尤其显著（图 1.2）。1901～2020 年，亚洲陆地表面平均气温上升速率为 0.14℃/10a。1971～2020 年，亚洲陆地表面平均气温呈显著上升趋势，速率为 0.31℃/10a。2020 年，亚洲陆地表面平均气温比常年值偏高 1.06℃，是 1901 年以来的最暖年份。

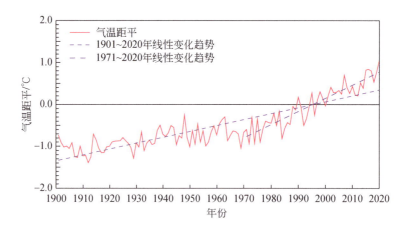

图 1.2　1901～2020 年亚洲陆地表面年平均气温距平

Figure 1.2　Annual mean land surface air temperature anomalies in Asia from 1901 to 2020

# 1.2 大 气 环 流

## 1.2.1 东亚季风

中国大部处于东亚季风区，天气气候受到东亚季风活动的影响。东亚冬季主要盛行偏北风气流，夏季则以偏南风气流为主。1961～2020年，东亚夏季风强度总体上呈现减弱趋势，并表现出"强—弱—强"的年代际波动特征［图1.3（a）］。20世纪60年代初期至70年代后期，东亚夏季风持续偏强；70年代末期到21世纪初，东亚夏季风在年代际时间尺度上总体呈现偏弱特征，之后开始增强。2020年，东亚夏季风强度指数（施能等，1996）为1.00，强度偏强。

1961～2020年，东亚冬季风同样表现出显著的年代际变化特征［图1.3（b）］。20世纪80年代中期以前，东亚冬季风主要表现为偏强的特征；而1987～2004年东亚冬季风明显减弱；2005年以来呈波动性增强。2020年，东亚冬季风强度指数（朱艳峰，2008）为-0.21，强度正常略偏弱。

## 1.2.2 南亚季风

1961～2020年，南亚夏季风强度总体表现出减弱趋势，且年代际变化特征明显（图1.4）。20世纪60～80年代中期，南亚夏季风主要表现为偏强特征；80年代后期至21世纪最初十年南亚夏季风呈明显减弱趋势；2011年以来，南亚夏季风开始转为增强趋势。2020年，南亚夏季风强度指数（Webster and Yang，1992）为-1.95，强度偏弱。

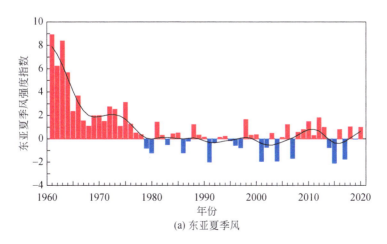

(a) 东亚夏季风

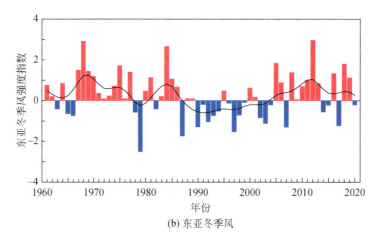

(b) 东亚冬季风

图 1.3 1961 ～ 2020 年东亚夏季风和冬季风强度指数

粗黑线为低频滤波值曲线，即去除 10 年以下时间尺度变化的年代际波动，下同

Figure 1.3 Variation of (a) the East Asian summer monsoon and (b) winter monsoon indices from 1961 to 2020

Thick black lines represent the low-frequency filter curves obtained by removing the inter-annual temporal variations under 10 years，the same below

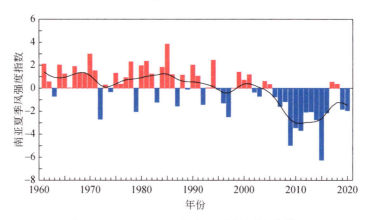

图 1.4 1961 ～ 2020 年南亚夏季风强度指数

Figure 1.4 Variation of the South Asian summer monsoon index from 1961 to 2020

### 1.2.3 西北太平洋副热带高压

西北太平洋副热带高压是东亚大气环流的重要成员之一，其活动具有显著的年际和年代际变化特征，直接影响中国天气和气候变化（龚道溢和何学兆，2002；刘芸芸等，2014）。1961 ～ 2020 年，夏季西北太平洋副热带高压总体上呈现面积增大、强度增强、西伸脊点位置西扩（指数为负值）的趋势（图 1.5）。20 世纪 60 年代至 70 年代末，西北太平洋副热带高压面积偏小、强度偏弱、西伸脊点位置偏东；20 世纪 80 年代

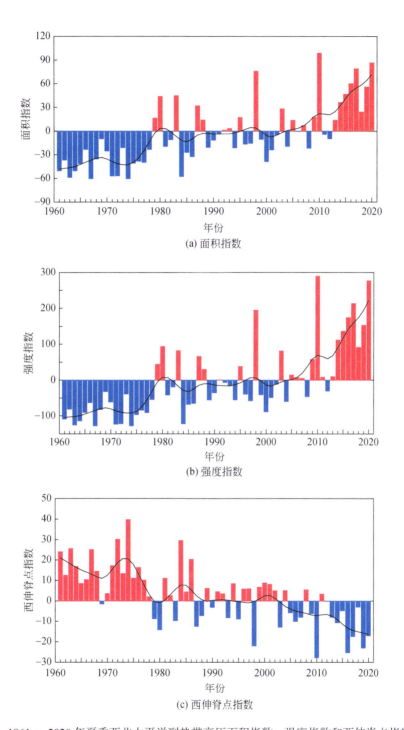

(a) 面积指数

(b) 强度指数

(c) 西伸脊点指数

图 1.5 1961～2020 年夏季西北太平洋副热带高压面积指数、强度指数和西伸脊点指数距平

Figure 1.5　Western North Pacific subtropical high (a) area index, (b) intensity index and (c) western ridge point index anomalies in the summers of 1961 to 2020

至 21 世纪初期，主要表现为年际波动；2005 年以来，西北太平洋副热带高压总体处于面积偏大、强度偏强和西伸脊点位置偏西的年代际背景下。2020 年，夏季西北太平洋副热带高压面积异常偏大、强度异常偏强、西伸脊点位置偏西。

### 1.2.4  北极涛动

北极涛动（Arctic Oscillation，AO）是北半球中纬度和高纬度地区平均气压此消彼长的一种现象（Thompson and Wallace，1998），其对北半球中高纬度地区的天气和气候具有重要影响，尤以对冬季影响最为显著。1961 ~ 2020 年，冬季北极涛动指数年代际波动特征明显（图 1.6），20 世纪 60 年代初期至 80 年代后期，北极涛动指数总体处于负位相阶段，而 80 年代末至 90 年代中期，总体以正位相为主；90 年代后期至 2013 年，总体表现出负位相特征，且年际波动较大；2014 年以来，转入以正位相为主阶段。2020 年，冬季北极涛动指数为 1.83，为近 30 年来最高。

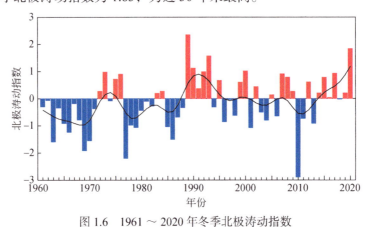

图 1.6  1961 ~ 2020 年冬季北极涛动指数

Figure 1.6  Variation of the Arctic Oscillation index in the winters of 1961 to 2020

## 1.3  中国气候要素

### 1.3.1  地表气温

**1. 平均气温**

长序列均一化气温观测资料[①]分析（Jones，1994；Xu et al.，2018a）显示，

————————
①资料说明见附录 I 。

1901 ～ 2020 年，中国地表年平均气温呈显著上升趋势，升温速率为 0.15℃ /10a，并伴随明显的年代际波动（图 1.7）。1951 ～ 2020 年，中国地表年平均气温呈显著上升趋势，增温速率达到 0.26℃ /10a。近 20 年是 20 世纪初以来的最暖时期，1901 年以来的 10 个最暖年份中，除 1998 年，其余 9 个均出现在 21 世纪。2020 年，中国地表年平均气温较常年偏高 0.79℃，为 1901 年以来第六暖年份。

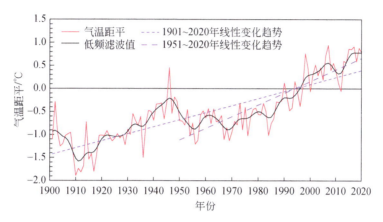

图 1.7 1901 ～ 2020 年中国地表年平均气温距平

Figure 1.7 Annual mean surface air temperature anomalies in China from 1901 to 2020

1901 ～ 2020 年，北京南郊观象台地表年平均气温呈显著升高趋势，升温速率为 0.14℃ /10a。20 世纪 60 年代末以来，升温趋势尤其显著，20 世纪 20 年代和 90 年代至今为偏暖阶段［图 1.8（a）］。2020 年，北京南郊观象台地表年平均气温为 13.8℃，较常年值偏高 0.9℃。

1909 ～ 2020 年，哈尔滨气象观测站地表年平均气温呈显著升高趋势，升温速率为 0.23℃ /10a，高于同期全国平均升温速率［图 1.8（b）］。20 世纪 90 年代初期至今为偏暖阶段，40 年代以前和 50 年代至 80 年代末为偏冷阶段（1943 ～ 1948 年无观测数据）。2020 年，哈尔滨气象观测站地表年平均气温为 5.4℃，较常年值偏高 0.5℃。

1901 ～ 2020 年，上海徐家汇观象台地表年平均气温呈显著上升趋势，升温速率为 0.23℃ /10a。20 世纪初至 90 年代初气温较常年偏低，20 世纪 90 年代中期以来年平均气温持续偏高［图 1.8（c）］。2020 年，徐家汇观象台地表年平均气温为 18.3℃，较常年值偏高 1.4℃，与 2006 年并列为 1901 年以来的第二高值，仅次于 2007 年。

1908 ～ 2020 年，广州气象台地表年平均气温呈显著上升趋势，升温速率为 0.14℃ /10a［图 1.8（d）］；且 20 世纪 80 年代初期以来升温明显加快（潘蔚娟等，2021）。2020 年，广州气象台地表年平均气温为 23.6℃，较常年值偏高 1.2℃，与 2019

年并列为 1908 年以来的最高值。

1901～2020 年，香港天文台地表年平均气温呈上升趋势，升温速率为 0.13℃/10a〔图 1.8（e）〕。1951～2020 年，地表年平均气温的上升速度加快，升温速率为 0.18℃/10a。2020 年，香港天文台地表年平均气温为 24.4℃，较常年值偏高 1.1℃，为香港天文台有观测记录以来的第二暖年份，仅次于 2019 年。

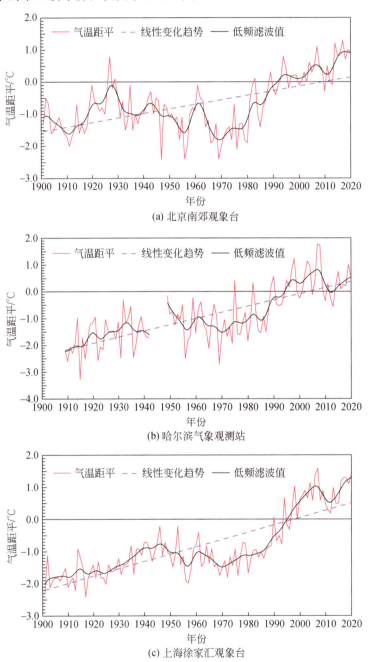

(a) 北京南郊观象台

(b) 哈尔滨气象观测站

(c) 上海徐家汇观象台

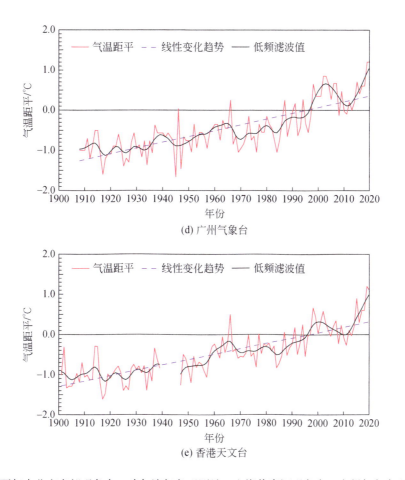

图 1.8　近百年来北京南郊观象台、哈尔滨气象观测站、上海徐家汇观象台、广州气象台和香港天文台地表年平均气温距平

Figure 1.8　Annual mean surface air temperature anomalies at (a) Beijing Observatory, (b) Harbin Meteorological Observatory, (c) Shanghai Xujiahui Observatory, (d) Guangzhou Meteorological Observatory and (e) Hong Kong Observatory in the last hundred years or so

　　1961 ～ 2020 年，全国各地年平均气温呈一致性的上升趋势（图 1.9），江南北部及其以北的大部地区、东南沿海和青藏高原年平均气温每 10 年升高 0.2~0.4℃，其中内蒙古中部和东北部、黑龙江西北部和青藏高原中北部部分地区升温速率超过 0.4℃ /10a；江南南部、江汉中西部、西南地区大部平均每 10 年升高 0.1~0.2℃；江汉西部和西南地区东北部部分地区升温速率低于 0.1℃ /10a。

　　1961 ～ 2020 年，中国八大区域（华北、东北、华东、华中、华南、西南、西北和青藏地区）地表年平均气温均呈显著上升趋势（图 1.10），且升温速率的区域差异明显。青藏地区增温速率最大，平均每 10 年升高 0.36℃；华北、东北和西北地区次之，升温速率依次为 0.33℃ /10a、0.31℃ /10a 和 0.30℃ /10a；华东地区平均每 10 年升高 0.25℃；华中、华南和西南地区升温幅度相对较缓，增温速率依次为 0.20℃ /10a、0.18℃ /10a 和 0.17℃ /10a。

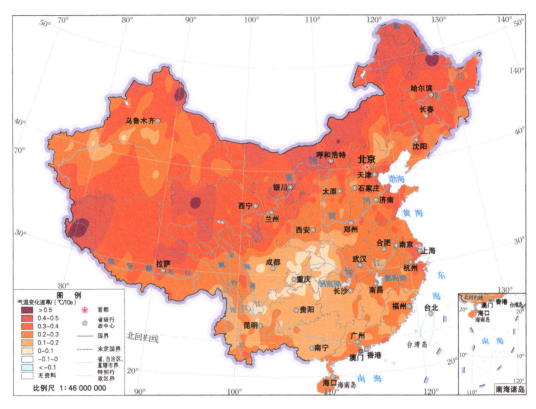

图 1.9　1961 ～ 2020 年中国地表年平均气温变化速率分布

Figure 1.9　Distribution of annual mean surface air temperature trends in China for the period of 1961 to 2020

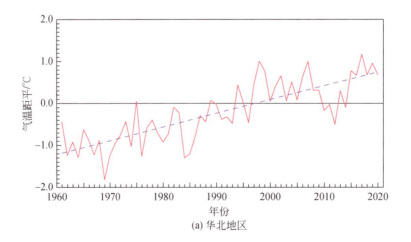

(a) 华北地区

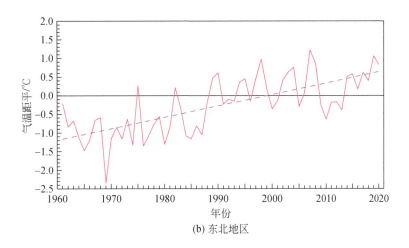

(b) 东北地区

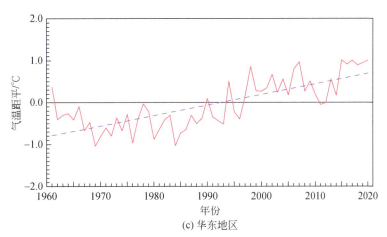

(c) 华东地区

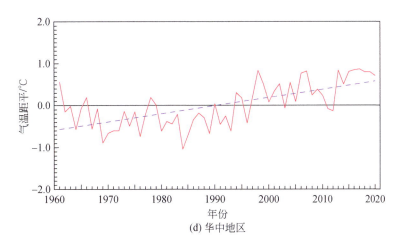

(d) 华中地区

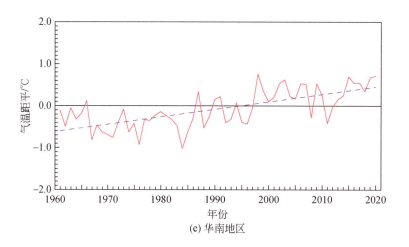

(e) 华南地区

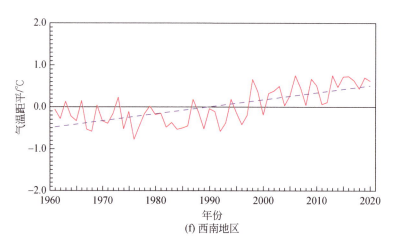

(f) 西南地区

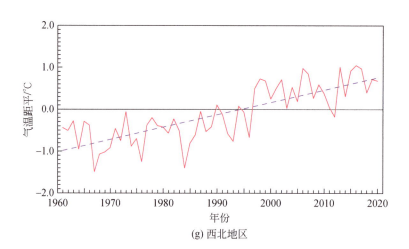

(g) 西北地区

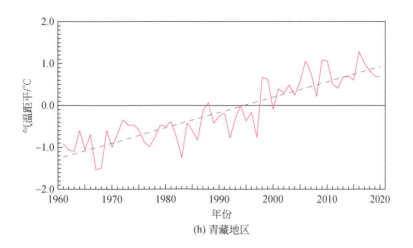

(h) 青藏地区

图 1.10 1961～2020 年中国八大区域地表年平均气温距平
点线为线性变化趋势线

Figure 1.10 Regional averaged annual mean surface air temperature anomalies from 1961 to 2020
(a)North China; (b) Northeast China; (c) East China; (d) Central China; (e) South China; (f) Southwest China;
(g) Northwest China; and (h) Qinghai-Xizang
The dashed lines stand for a linear trend

2020 年，中国大部地区气温接近常年或偏高（图 1.11），东北北部、内蒙古东北部、黄淮东南部、江淮东部、江南东部和南部、华南东南部、青藏高原西北部偏高 1～2℃；仅重庆东南部、贵州东北部、新疆中部和东南部局部地区气温较常年偏低 0～1℃；华东地区平均气温较常年值偏高 1.0℃，与 2017 年并列为 1961 年以来的第二高值；华南地区平均气温偏高 0.7℃，为 1961 年以来的第二高值。

**2. 最高气温和最低气温**

1951～2020 年，中国地表年平均最高气温呈上升趋势，平均每 10 年升高 0.20℃，低于同期年平均气温的升高速率。20 世纪 70 年代后期之前，中国年平均最高气温变化相对稳定，之后呈明显上升趋势 ［图 1.12（a）］。2020 年，中国地表年平均最高气温较常年值偏高 0.7℃。

1951～2020 年，中国地表年平均最低气温呈显著上升趋势，平均每 10 年升高 0.34℃，高于同期年平均气温和最高气温的上升速率。20 世纪 70 年代初期以来，中国年平均最低气温上升趋势尤为明显；2001 年以来，持续高于常年值 ［图 1.12（b）］。2020 年，中国地表年平均最低气温较常年值偏高 0.9℃，为 1951 年以来的第五高值。

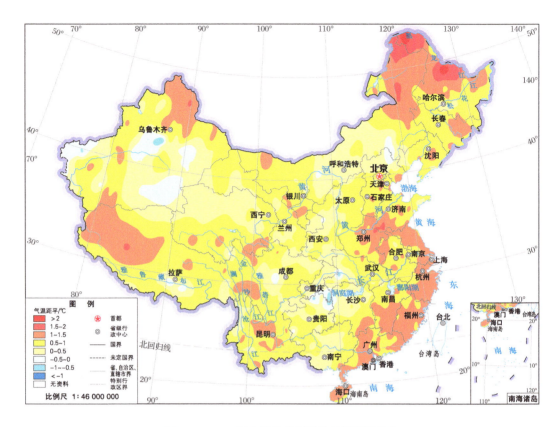

图 1.11　2020 年中国地表年平均气温距平分布

Figure 1.11　Distribution of annual mean surface air temperature anomalies in China in 2020

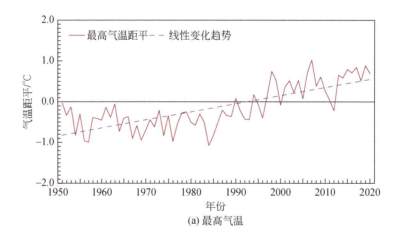

(a) 最高气温

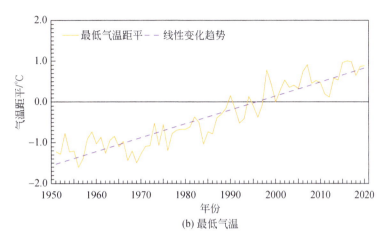

图 1.12　1951～2020 年中国地表年平均最高气温和最低气温距平

Figure 1.12　Annual mean surface (a) maximum air temperature and (b) minimum air temperature anomalies in China from 1951 to 2020

## 1.3.2　高层大气温度

探空观测资料分析显示，1961～2020 年，中国上空对流层低层（850hPa）和上层（300hPa）年平均气温均呈显著上升趋势（图 1.13），增温速率分别为 0.18℃ /10a 和 0.19℃ /10a；而平流层下层（100hPa）年平均气温表现为下降趋势，平均每 10 年降低 0.16℃，但 21 世纪初以来，下降趋势变缓。对流层升温和平流层下层降温趋势与全球高层大气温度变化总体一致（陈哲和杨溯，2014；郭艳君和王国复，2019；Guo et al.，2020）。2020 年，中国上空对流层低层和上层平均气温均较常年值偏高 0.6℃；平流层下层平均气温较常年值偏高 0.3℃。

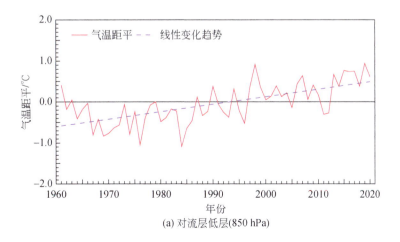

(a) 对流层低层(850 hPa)

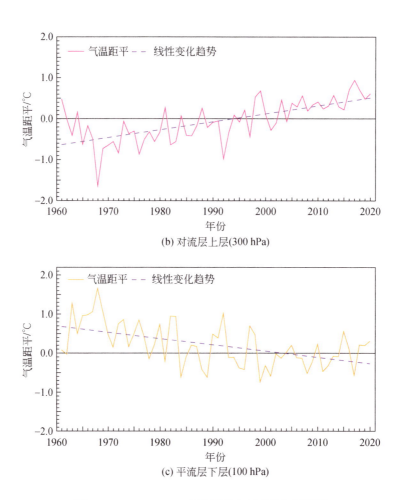

图 1.13　1961～2020 年中国高空年平均气温距平

Figure 1.13　Annual mean upper-air temperature anomalies in China from 1961 to 2020

(a) lower troposphere (850hPa); (b) upper troposphere (300hPa); and (c) lower stratosphere (100hPa)

## 1.3.3　降水

### 1. 降水量

1901～2020 年，中国平均年降水量无明显趋势性变化，但存在显著的 20～30 年尺度的年代际振荡，其中 20 世纪 10 年代、30 年代、50 年代和 90 年代降水偏多，20 世纪最初十年、20 年代、40 年代、60 年代降水偏少。

1901～2020 年，北京南郊观象台年降水量呈弱的减少趋势，并表现出明显的年代际变化特征。20 世纪 40 年代后期至 50 年代、80 年代中期至 90 年代后期降水偏多，

90 年代末到 21 世纪最初十年总体处于降水偏少阶段，近十年南郊观象台降水年际波动特征明显［图 1.14（a）］。2020 年，北京南郊观象台年降水量为 527.3 mm，较常年值偏少 0.9%（4.8 mm）。

1909 ~ 2020 年，哈尔滨气象观测站年降水量表现出明显的年代际变化特征，其中 20 世纪 10 年代、20 年代末期至 30 年代和 50 年代降水偏多（1943 ~ 1948 年无观测数据），70 年代降水偏少，80 年代至 90 年代中期降水偏多，21 世纪最初十年降水以偏少为主，2011 年以来波动幅度较大［图 1.14（b）］。2020 年，哈尔滨气象观测站年降水量为 792.8 mm，较常年值偏多 47.4%（254.8 mm），为 1951 年以来第二多。

1901 ~ 2020 年，上海徐家汇观象台年降水量呈显著增多趋势，平均每 10 年增加 16.5 mm。20 世纪 70 年代以前，年降水量以 30 ~ 40 年的周期波动，之后呈明显增多趋势，且年际波动幅度增大［图 1.14（c）］。2020 年，徐家汇观象台年降水量为 1712.3 mm，较常年值偏多 36.0%（452.8 mm），为 1901 年以来第三多。

1908 ~ 2020 年，广州气象台年降水量呈增多趋势，并伴随明显的年代际波动。20 世纪 30 年代和 50 年代中期至 60 年代末降水偏少，但降水从 70 年代初波动增加，90 年代初期以来为降水偏多时段，2012 年以来降水持续偏多［图 1.14（d）］。2020 年，广州气象台年降水量为 1916.2 mm，较常年值偏多 6.4%（114.9 mm）。

1901 ~ 2020 年，香港天文台年降水量呈增多趋势，平均每 10 年增加 29.1 mm，且年际波动幅度较大［图 1.14（e）］。2020 年，香港天文台年降水量为 2395.0 mm，接近常年值（2398.5 mm）。

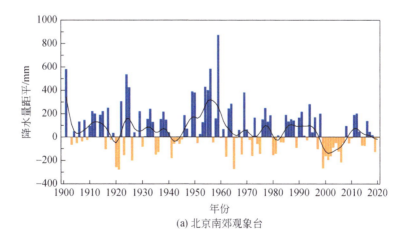

(a) 北京南郊观象台

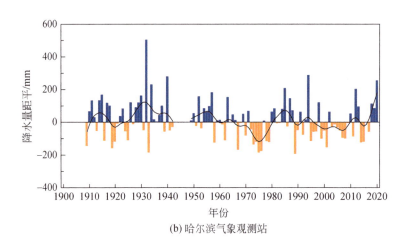

(b) 哈尔滨气象观测站

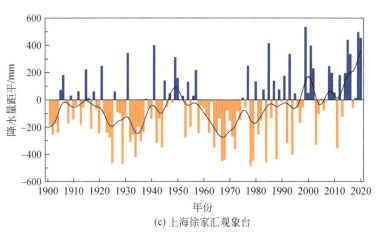

(c) 上海徐家汇观象台

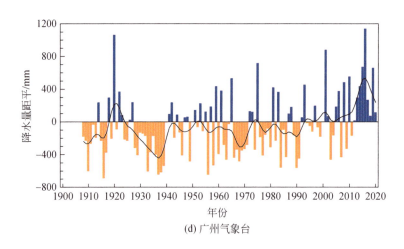

(d) 广州气象台

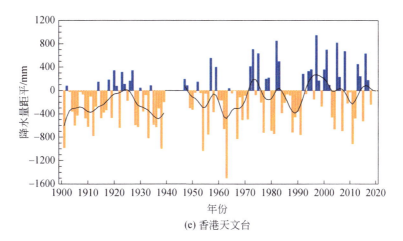

(e) 香港天文台

图 1.14　近百年来北京南郊观象台、哈尔滨气象观测站、上海徐家汇观象台、广州气象台和
香港天文台年降水量距平变化

Figure 1.14　Changing annual precipitation anomalies at (a) Beijing Observatory, (b) Harbin Meteorological
Observatory, (c) Shanghai Xujiahui Observatory, (d) Guangzhou Meteorological Observatory and (e) Hong
Kong Observatory in the last hundred years or so

　　1961～2020 年，中国平均年降水量呈增加趋势，平均每 10 年增加 5.1 mm，且年
代际变化明显。20 世纪 80～90 年代中国平均年降水量以偏多为主，21 世纪最初十年
总体偏少，2012 年以来降水持续偏多（图 1.15）。1998 年、2016 年和 2020 年是排名
前三位的降水高值年，2011 年、1986 年和 2009 年是排名后三位的降水低值年。

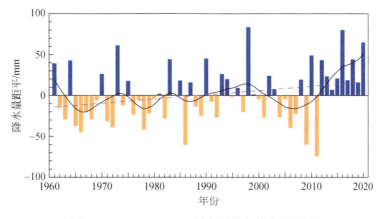

图 1.15　1961～2020 年中国平均年降水量距平
点线为线性变化趋势线

Figure 1.15　Annual precipitation anomalies averaged in China from 1961 to 2020
The dashed line stands for the linear trend

1961～2020 年，东北中北部、江淮至江南大部、青藏高原中北部、西北中部和西部年降水量呈明显的增加趋势，其中江南东部、青藏高原中北部、新疆北部和西部降水增加趋势尤为显著；而东北南部、华北东南部、黄淮大部、西南地区东部和南部、西北地区东南部年降水量呈减少趋势（图 1.16）。

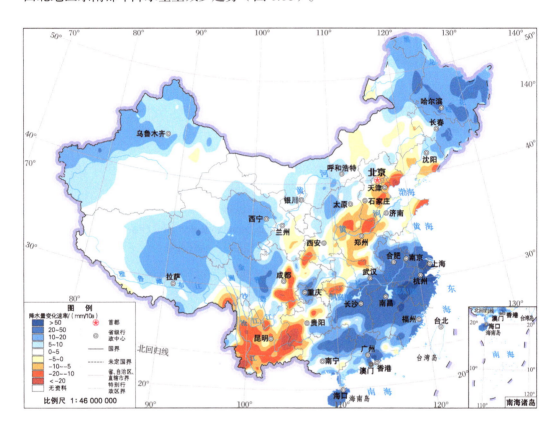

图 1.16　1961～2020 年中国年降水量变化速率分布

Figure 1.16　Distribution of annual precipitation trends in China for the period of 1961 to 2020

1961～2020 年，中国八大区域平均年降水量变化趋势差异明显（图 1.17）。青藏地区平均年降水量呈显著增多趋势，平均每 10 年增加 10.4 mm，2016～2020 年青藏地区降水量持续异常偏多；西南地区平均年降水量总体呈减少趋势，但 2015 年以来降水以偏多为主；华北、东北、华东、华中、华南和西北地区年降水量无明显线性变化趋势，但均存在年代际波动变化。21 世纪初以来，西北、东北和华北地区平均年降水量波动上升，华东和东北地区降水量年际波动幅度增大。

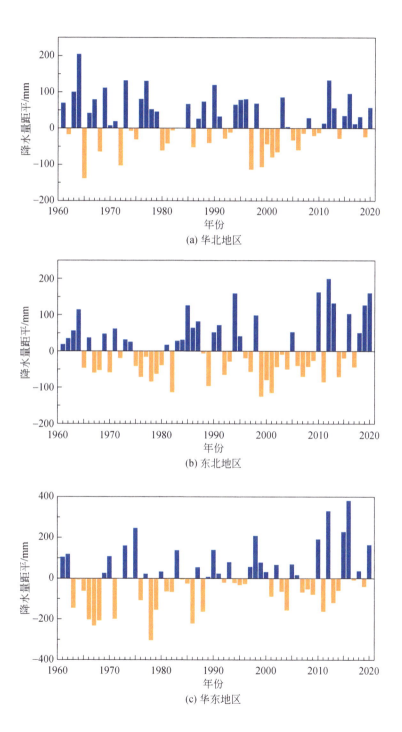

(a) 华北地区

(b) 东北地区

(c) 华东地区

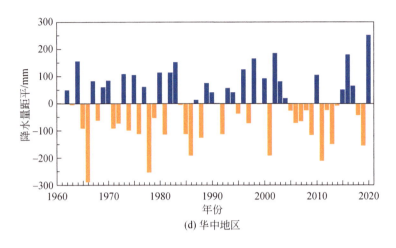

(d) 华中地区

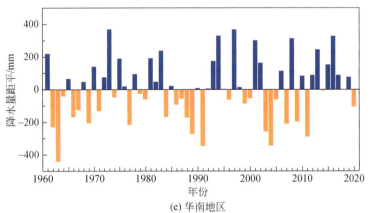

(e) 华南地区

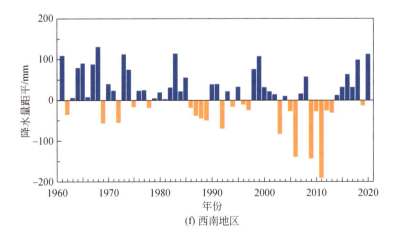

(f) 西南地区

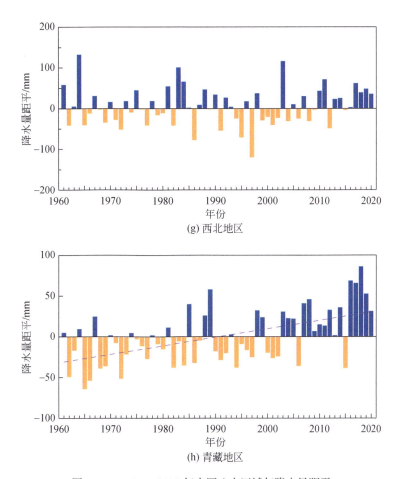

图 1.17　1961～2020 年中国八大区域年降水量距平

点线为线性变化趋势线

Figure 1.17　Regional averaged annual precipitation anomalies from 1961 to 2020

(a) North China; (b) Northeast China; (c) East China; (d) Central China; (e) South China;

(f) Southwest China; (g) Northwest China; and (h) Qinghai-Xizang

The dashed lines stand for a linear trend

　　2020 年，中国平均降水量为 694.8 mm，较常年值偏多 10.3%。东北北部、黄淮东部、江汉大部、江淮大部、江南北部、西南地区东北部、西北地区东南部部分地区偏多 20% 至 1 倍；华南东南部、西北中部和西部部分地区及西藏西北部偏少 20%～50%（图 1.18）。2020 年，华中地区平均降水量较常年值偏多 23.1%，为 1961 年以来最多；东北地区平均降水量偏多 13.2%，为 1961 年以来第三多；华南地区平均年降水量较常年值偏少 6.4%。

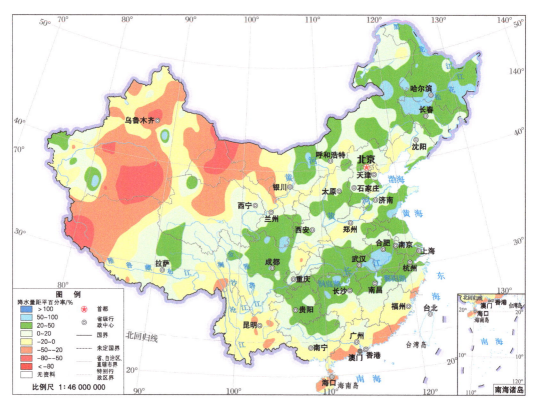

图 1.18　2020 年中国年降水量距平百分率空间分布

Figure 1.18　Distribution of annual precipitation anomaly percentages in China in 2020

## 2. 降水日数

1961～2020 年，中国平均年降水日数呈显著减少趋势，平均每 10 年减少 1.9 天。2020 年，中国平均年降水日数为 103.1 天，与常年值基本相持平［图 1.19（a）］。

(a) 年降水日数

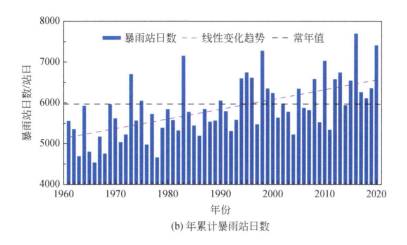

(b) 年累计暴雨站日数

图 1.19　1961 ～ 2020 年中国平均年降水日数和年累计暴雨站日数

Figure 1.19　(a) Annual rainy days and (b) accumulated rainstorm days in China from 1961 to 2020

1961 ～ 2020 年，中国年累计暴雨（日降水量 ≥ 50 mm）站日数呈增加趋势，平均每 10 年增加 4.0%。2020 年，中国年累计暴雨站日数为 7408 站日，较常年值偏多 24.1%，为 1961 年以来第二多，仅次于 2016 年 [图 1.19（b）]。

## 1.3.4　其他要素

### 1. 相对湿度

1961 ～ 2020 年，中国平均相对湿度总体无明显趋势性变化，但阶段性变化特征明显：20 世纪 60 年代中期至 80 年代中期相对湿度偏低，1989 ～ 2003 年以偏高为主，2004 ～ 2014 年总体偏低，2015 年以来转为偏高（图 1.20）。2020 年，中国平均相对

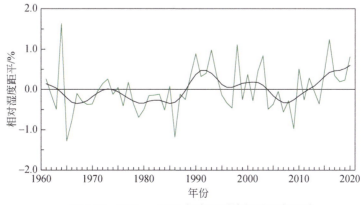

图 1.20　1961 ～ 2020 年中国平均相对湿度距平

Figure 1.20　Annual mean relative humidity anomalies in China from 1961 to 2020

湿度较常年值偏高 0.81%。

### 2. 风速

1961～2020 年，中国平均风速总体呈减小趋势（图 1.21），平均每 10 年减小 0.12 m/s。20 世纪 60 年代至 90 年代初期为持续正距平，之后转为负距平；但 2015 年以来出现小幅回升。2020 年，中国平均风速较常年值偏小 0.1 m/s。

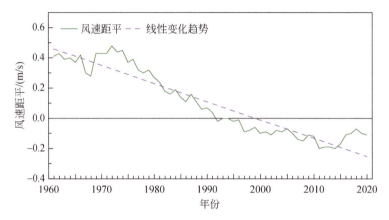

图 1.21　1961～2020 年中国平均风速距平

Figure 1.21　Annual mean wind speed anomalies in China from 1961 to 2020

### 3. 日照时数

1961～2020 年，中国平均年日照时数呈现显著减少趋势，平均每 10 年减少 33.7 h。2020 年，中国平均年日照时数为 2329.8 h，较常年值偏少 79.4 h（图 1.22）。

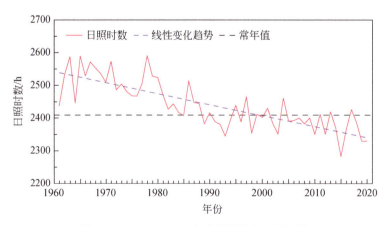

图 1.22　1961～2020 年中国平均年日照时数

Figure 1.22　Annual mean sunshine duration in China from 1961 to 2020

**4. 积温**

1961～2020 年，中国平均≥10℃的年活动积温呈显著增加趋势（图 1.23），平均每 10 年增加 60.4 ℃·d。1997 年以来，中国平均≥10℃的年活动积温持续偏多。2020 年，中国平均≥10℃的年活动积温为 4958.9 ℃·d，较常年值偏多 228.8 ℃·d，比 2019 年减少 30.2 ℃·d。

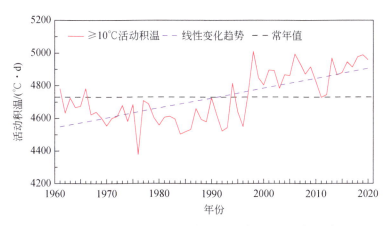

图 1.23　1961～2020 年中国平均≥10℃的年活动积温

Figure 1.23　Annual active accumulated temperature with air temperature ≥ 10℃ in China from 1961 to 2020

2020 年，全国大部地区≥10℃活动积温接近常年或偏多，华北东南部、黄淮、江淮、江南中东部、华南大部、西南地区南部和北部、青藏高原西南部及新疆东北部等地偏多 200～400 ℃·d，浙江南部、江西南部、福建、广东中北部、云南中部偏多 400 ℃·d 以上；河北北部、内蒙古中部部分地区、重庆东南部、贵州东北部、陕西中部活动积温偏少（图 1.24）。

# 1.4　天气气候事件

## 1.4.1　极端事件

1961～2020 年，中国极端低温事件显著减少，极端高温事件自 20 世纪 90 年代中期以来明显增多，极端强降水事件呈增多趋势。

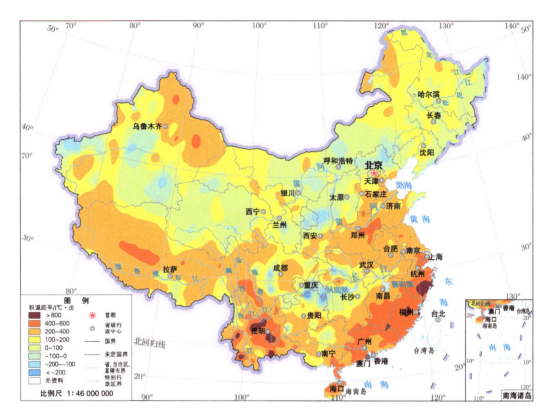

图 1.24　2020 年中国 ≥ 10℃活动积温距平分布

Figure 1.24　Distribution of the active accumulated temperature anomalies with air temperature ≥ 10℃ in China in 2020

### 1. 极端气温

1961～2020 年，中国平均年暖昼日数呈增多趋势［图 1.25（a）］，平均每 10 年增加 5.7 天，尤其在 20 世纪 90 年代中期以来增加更为明显。2020 年，中国平均暖昼日数为 65 天，较常年值偏多 21 天。

1961～2020 年，中国平均年冷夜日数呈显著减少趋势［图 1.25（b）］，平均每 10 年减少 8.2 天，1998 年以来冷夜日数较常年值持续偏少。2020 年，中国冷夜日数 21 天，较常年值偏少 15 天。

1961～2020 年，中国极端高温事件频次的年代际变化特征明显，20 世纪 90 年代中期以来明显偏多［图 1.26（a）］。2020 年，中国共发生极端高温事件 505 站日，较常年值偏多 225 站日，其中贵州罗甸（41.2℃）等共计 69 站日最高气温突破历史极值。

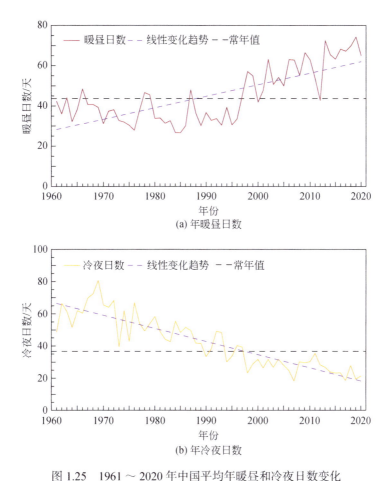

图 1.25　1961～2020 年中国平均年暖昼和冷夜日数变化

Figure 1.25　Changing annual number of (a) warm days and (b) cold nights in China
from 1961 to 2020

1961～2020 年，中国极端低温事件频次呈显著减少趋势［图 1.26（b）］，平均每 10 年减少 237 站日。2020 年，中国共发生极端低温事件 68 站日，较常年值偏少 200 站日，其中内蒙古岗子（－32.4℃）和山西小店（－20.6℃）日最低气温突破低温历史极值。

**2. 极端降水**

1961～2020 年，中国极端日降水量事件频次呈增加趋势（图 1.27），平均每 10 年增多 18 站日。2020 年，中国共发生极端日降水量事件 387 站日，较常年值偏多 156 站日，为 1961 年以来第二多，其中山西、广西、四川等地共计 45 站日降水量突破历史极值。

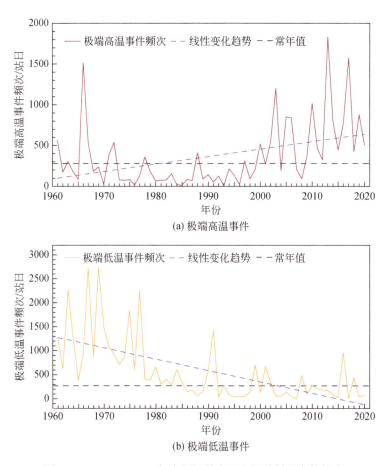

图 1.26　1961～2020 年中国极端高温和极端低温事件频次

Figure 1.26　Frequencies of (a) high temperature extremes and (b) low temperature extremes in China from 1961 to 2020

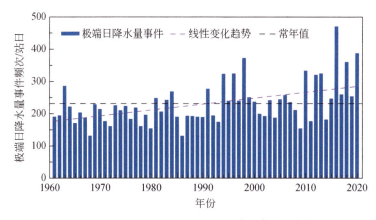

图 1.27　1961～2020 年中国极端日降水量事件频次

Figure 1.27　Frequencies of daily precipitation extremes in China from 1961 to 2020

**3. 区域性气象干旱**

1961 ~ 2020 年，中国共发生了 185 次区域性气象干旱事件（图 1.28），其中极端干旱事件 16 次、严重干旱事件 39 次、中度干旱事件 77 次、轻度干旱事件 53 次；1961 年以来，区域性干旱事件频次呈微弱上升趋势，并且具有明显的年代际变化特征：20 世纪 70 年代后期至 80 年代区域性气象干旱事件偏多，90 年代偏少，2003 ~ 2008 年阶段性偏多，2009 年以来总体偏少。2020 年，中国共发生 4 次区域性气象干旱事件，频次较常年略偏多；其中东北、华南遭遇严重夏伏旱，达到严重干旱等级；2 次中度干旱等级，分别为春夏季西南部分地区发生的气象干旱和 4 月中旬至夏初长江以北出现的阶段性干旱；秋冬季华南等地发生的气象干旱，为轻度干旱等级。

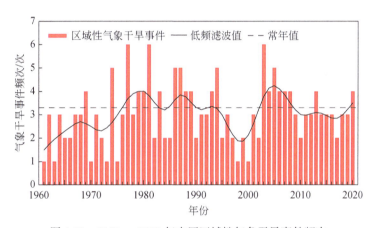

图 1.28　1961 ~ 2020 年中国区域性气象干旱事件频次

Figure 1.28　Frequencies of regional meteorological drought events in China from 1961 to 2020

## 1.4.2　台风

1949 ~ 2020 年，西北太平洋和南海生成台风（中心风力 ≥ 8 级）个数呈减少趋势，同时表现出明显的年代际变化特征，1995 年以来总体处于台风活动偏少的年代际背景下（图 1.29）。2020 年，西北太平洋和南海台风生成个数为 23 个，较常年值（25.5 个）偏少 2.5 个。

1949 ~ 2020 年，登陆中国的台风（中心风力 ≥ 8 级）个数呈弱的增多趋势，但线性趋势并不显著；年际变化大，最多年达 12 个（1971 年），最少年仅有 3 个（1950 年和 1951 年）（图 1.29）。1949 ~ 2020 年，登陆中国台风比例呈增加趋势（图 1.30），尤其是 2000 ~ 2010 年最为明显，2010 年的台风登陆比例（50%）最高。2020 年登陆中国的台风有 5 个，登陆比例为 22%，较常年值（29%）偏低。

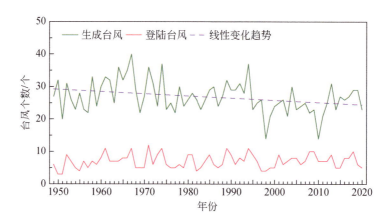

图 1.29　1949～2020 年西北太平洋和南海生成及登陆中国台风个数

Figure 1.29　Number of typhoon genesis in the Western North Pacific and the South China Sea and those landing in China from 1949 to 2020

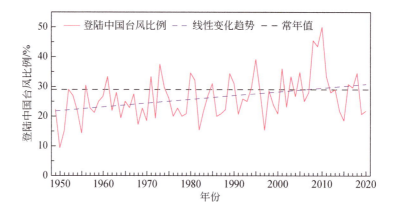

图 1.30　1949～2020 年登陆中国台风比例变化

Figure 1.30　Proportional variation of the typhoons landing in China from 1949 to 2020

　　1949～2020 年，登陆中国台风（中心风力≥8 级）的平均强度（以台风中心最大风速来表征）线性趋势不明显，主要表现出明显的年代际变化（图 1.31），其中 20 世纪 60 年代至 70 年代中期及 20 世纪 90 年代后期以来总体表现为偏强特征。2020 年，登陆台风平均强度为 11 级（平均风速 31.6 m/s），较常年值（30.7 m/s）略偏强，且登陆台风具有近海加强并以峰值登陆的特点。2020 年，台风影响时段和地域集中，7 月西北太平洋和南海无台风生成，8 月下旬至 9 月上旬半个月内连续 3 个台风北上影响东北地区，均为 1949 年以来首次出现。

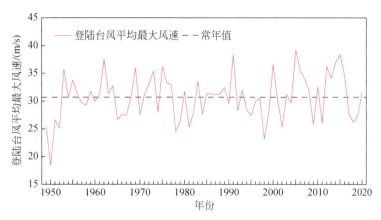

图 1.31 1949～2020 年登陆中国台风平均最大风速变化

Figure 1.31 Changing mean maximum wind speed of the typhoons landing in China from 1949 to 2020

## 1.4.3 沙尘与大气酸沉降

### 1. 沙尘天气

1961～2020 年，中国北方地区平均沙尘（扬沙以上）日数呈明显减少趋势，平均每 10 年减少 3.4 天。20 世纪 80 年代末期之前，中国北方地区平均沙尘日数持续偏多，之后转入沙尘日数偏少阶段，近年来达最低值并略有回升（图 1.32）。2020 年，中国北方地区平均沙尘日数为 5.5 天，较常年值偏少 4.0 天。

图 1.32 1961～2020 年中国北方地区沙尘日数

Figure 1.32 Changing annual sand-dust days in northern China from 1961 to 2020

### 2. 大气酸沉降

1992～2020 年，中国酸雨（降水 pH 低于 5.60）经历了"改善—加重—再次改善"的阶段性变化过程，总体呈减弱、减少趋势。1992 ～ 1999 年为酸雨改善期；2000 ～ 2007 年酸雨污染加重；2008 年以来酸雨状况再度改善（图 1.33）。2020 年，中国酸雨污染较轻，中国气象局 74 个酸雨站年平均降水 pH 为 5.90；全国年平均酸雨频率 24.1%，为 1992 年以来的次低值；全国年平均强酸雨（降水 pH 低于 4.50）频率 2.5%，为 1992 年以来的最低值。综合分析显示，我国二氧化硫排放量的增减变化是影响酸雨污染长期变化趋势的主控因子，2010 年以来氮氧化物排放量的逐年下降也对近年来酸雨污染的改善有较明显贡献（Shi et al., 2014）。

2020 年，酸雨区（降水 pH 低于 5.60）范围主要覆盖江淮南部、江南、华南大部以及西南地区南部和东部的部分地区（图 1.34），其中江西东北部、湖南东部和南部部分地区、广东西部、广西东北部的局部地区年平均降水 pH 低于 5.00，酸雨污染较明显。

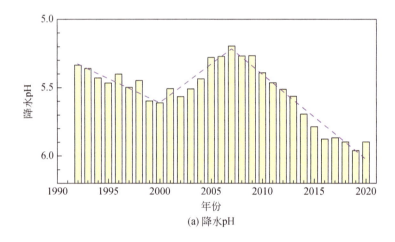

(a) 降水pH

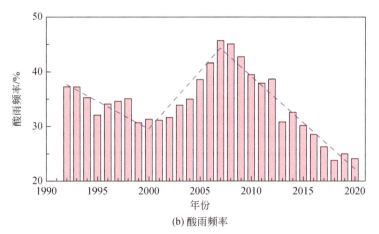

(b) 酸雨频率

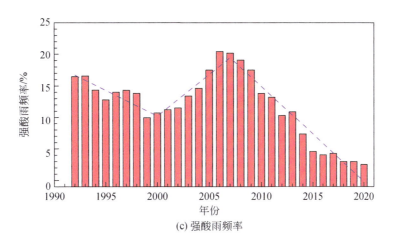

(c) 强酸雨频率

图 1.33　1992 ～ 2020 年中国平均降水 pH、酸雨频率和强酸雨频率变化

点线为线性趋势线

Figure 1.33　Changing annual mean (a) precipitation pH value, (b) acid rain frequency and (c) severe acid

rain frequency in China from 1992 to 2020

The dashed lines stand for a linear trend

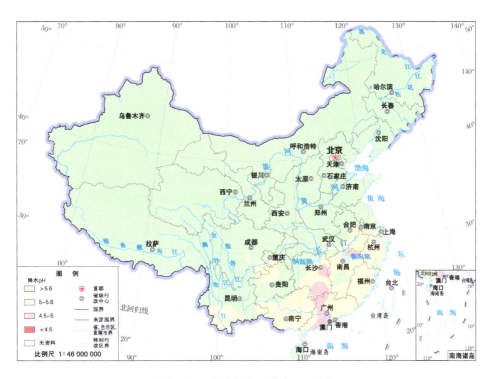

图 1.34　2020 年中国降水 pH 分布

Figure 1.34　Distribution of precipitation pH values in China in 2020

### 1.4.4　梅雨

梅雨是东亚地区特有的天气气候现象（刘芸芸和丁一汇，2020），为东亚夏季风阶段性活动的产物，出现于每年 6 ～ 7 月的中国江淮流域至韩国、日本一带，常年平均梅雨量超过 300 mm，占全年降水总量的 30% ～ 40%。中国梅雨在时间和空间分布上存有差异，区域性特点明显。

1951 ～ 2020 年，中国梅雨季降水量具有明显年际波动和年代际变化特征。20 世纪 90 年代梅雨量以偏多为主，20 世纪 50 年代后期至 60 年代、90 年代末至 21 世纪前十年梅雨量偏少（图 1.35）。2020 年，中国梅雨季开始于 5 月 29 日，入梅时间较常年值偏早 10 天；8 月 2 日出梅，出梅时间偏晚 15 天，梅雨持续时间为 1961 年以来最长；梅雨监测区梅雨期降水量为 780.9 mm，较常年值偏多 437.5 mm，为 1951 年以来第二多，仅次于 1954 年。

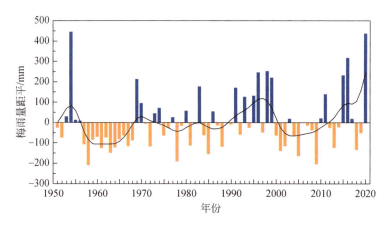

图 1.35　1951 ～ 2020 年中国梅雨量距平

Figure 1.35　Meiyu rainfall anomalies in China from 1951 to 2020

### 1.4.5　中国气候风险指数

1961 ～ 2020 年，中国气候风险指数（Wang et al.，2018）呈升高趋势，且阶段性变化明显。20 世纪 60 年代至 70 年代后期气候风险指数呈下降趋势，70 年代末出现趋势转折，之后波动上升（图 1.36）。1991 ～ 2020 年，中国气候风险指数平均值（6.8）较 1961 ～ 1990 年平均值（4.3）增加了 58%。

2020 年，中国气候风险指数为 10.8，属强等级，较常年值偏高 5.4，亦明显高于 21 世纪以来平均值（6.8），为 1961 年以来第三高值，仅次于 2016 年和 2013 年；其中，6 ～ 8 月雨涝风险指数均达到强等级；7 ～ 8 月高温风险指数处于偏强或强等级。

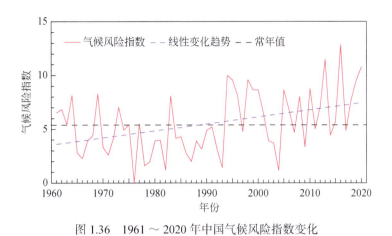

图 1.36　1961～2020 年中国气候风险指数变化

Figure 1.36　Changing climate risk index of China from 1961 to 2020

# 第2章 水 圈

水圈由液态的地表和地下水组成，包括海洋、湖泊、河流及岩层中的水等。海洋和陆地水通过蒸发或蒸散，以水汽的形式进入大气圈，水汽经大气环流输送到大陆上空，凝结后降落至地面，部分被生物吸收，部分下渗为地下水，部分形成地表径流。水在循环过程中不断释放或吸收热能，是气候系统各大圈层间能量和物质交换的主要载体，并为地球的各种系统提供必需的水源。海洋占地球表面积的71%，储存了地球系统中97%的水，吸收了20%～30%人类活动排放的$CO_2$，是大气主要的热源和水汽源地。中国地处北太平洋、印度洋和亚洲大陆的交汇区，海洋异常变化及其与大气间的能量传输和物质交换是影响中国区域气候变化的重要因素。海表温度、海洋热含量和海平面高度均是气候变化的核心指标，同时厄尔尼诺/拉尼娜、太平洋年代际振荡、北大西洋年代际振荡等行星尺度海-气相互作用的显著年际、年代际变率信号，不仅对热带地区大气环流和气候产生直接影响，而且对全球和区域的自然生态系统和社会经济发展都有重要的影响。同时，径流、湖泊面积与水位、地下水水位等是监测陆地水变化的关键指标。

## 2.1 海 洋

### 2.1.1 海表温度

**1. 全球海表温度**

1870～2020年，全球平均海表温度（Rayner et al.，2003）表现为显著升高趋势，并伴随年代际变化特征（图2.1）。20世纪80年代之前全球平均海表温度明显偏低，80年代后期至20世纪末为海温由冷转暖的转折期，2000年之后海温持续偏高。2020年，全球平均海表温度比常年值偏高0.26℃，为1870年以来的第四高值，仅低于2016年、2015年和2019年。

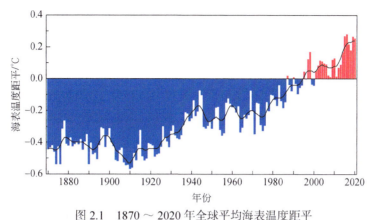

图 2.1　1870 ～ 2020 年全球平均海表温度距平
资料来源：英国气象局哈德利中心

Figure 2.1　Global annual mean sea surface temperature anomalies (SSTA) from 1870 to 2020
Data source: United Kindom Met Office Hadley Centre

2020 年，全球大部分海域海表温度较常年值偏高。北冰洋巴伦支海、喀拉海、拉普捷夫海、东西伯利亚海和楚科奇海海温偏高 0.5℃以上，局部海域海温偏高超过 1.0℃；赤道太平洋西部、北太平洋中北部、西南太平洋部分海域、热带印度洋中部、北大西洋中部、南大西洋东部等海域海温偏高 0.5℃以上，其中北太平洋东北部和西北部、北大西洋西部部分海域海温偏高超过 1.0℃。而赤道东太平洋和南印度洋中部部分海域海温较常年值偏低，局部海域海温偏低 0.5℃以上（图 2.2）。

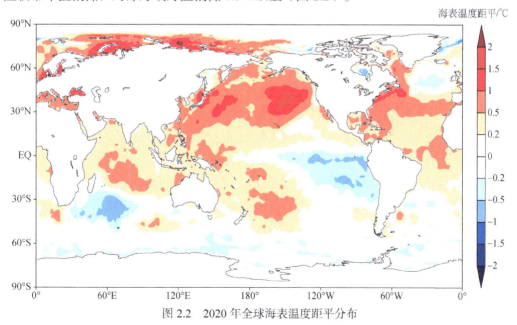

图 2.2　2020 年全球海表温度距平分布
Figure 2.2　Distribution of global mean SSTA in 2020

### 2. 关键海区海表温度

1951 ～ 2020 年，赤道中东太平洋 Niño3.4 海区（5°S ～ 5°N，120°W ～ 170°W）海表温度有明显的年际变化特征（图 2.3）。根据《厄尔尼诺 / 拉尼娜事件判别方法》（全国气候与气候变化标准化技术委员会，2017），1951 ～ 2020 年，赤道中东太平洋共发生了 21 次厄尔尼诺和 15 次拉尼娜事件。2019 年 11 月至 2020 年 3 月为一次弱的中部型厄尔尼诺事件；该次厄尔尼诺事件结束后，赤道中东太平洋海温转入下降，并于 2020 年 8 月进入拉尼娜状态，2020 年 12 月形成一次中等强度的拉尼娜事件，此次拉尼娜事件于 2020 年 11 月达到峰值（Niño3.4 指数为 –1.3℃）。2020 年，Niño3.4 海区平均海表温度距平值为 –0.22℃，较 2019 年下降了 0.75℃。

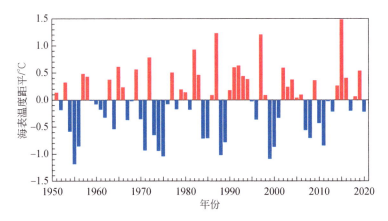

图 2.3　1951 ～ 2020 年赤道中东太平洋（Niño3.4 指数）年平均海表温度距平

Figure 2.3　Annual mean SSTA in the central and eastern equatorial Pacific (Niño3.4 index) from 1951 to 2020

太平洋年代际振荡（Pacific Decadal Oscillation，PDO）是一种发生在太平洋区域的海盆空间尺度、年代际时间尺度的气候变率（Zhang et al., 1997；Mantua et al., 1997；杨修群等, 2004），具有多重时间尺度，主要表现为准 20 年周期和准 50 年周期（图 2.4）。1947 ～ 1976 年，PDO 处于冷位相期；1925 ～ 1946 年和 1977 ～ 1998 年为暖位相期；20 世纪 90 年代末，PDO 再次转为冷位相期。2014 ～ 2019 年，PDO 指数由前期的负指数转为显著的正指数。2020 年，PDO 指数为 –0.26。

1951 ～ 2020 年，热带印度洋（20°S ～ 20°N，40°E ～ 110°E）海表温度呈现显著上升趋势［图 2.5（a）］，升温速率为 0.12℃ /10a。20 世纪 50 ～ 70 年代，热带印度洋海表温度较常年值持续偏低，80 ～ 90 年代海温由偏低逐渐转为偏高，2000 年之后以偏高为主。2020 年，热带印度洋海表温度距平值为 0.41℃，为 1951 年以来第三

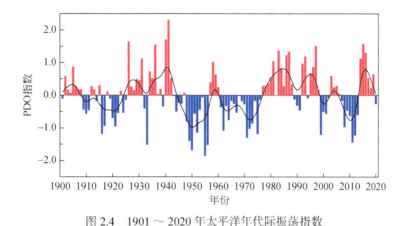

图 2.4　1901 ~ 2020 年太平洋年代际振荡指数

Figure 2.4　Pacific Decadal Oscillation (PDO) index from 1901 to 2020

高值，仅次于 2015 年和 2016 年。热带印度洋偶极子（Tropical Indian Ocean Dipole，TIOD）是热带西印度洋（10°S ~ 10°N，50°E ~ 70°E）与东南印度洋（10°S ~ 0°，90°E ~ 110°E）海表温度的跷跷板式反向变化（Saji et al.，1999；Webster et al.，1999），通常用前者减去后者定义为 TIOD；TIOD 通常在夏季开始发展，秋季达到峰值，冬季快速衰减。2020 年秋季，TIOD 指数为 0.09℃［图 2.5（b）］。

北大西洋年代际振荡（Atlantic Multidecadal Oscillation，AMO）是发生在北大西洋区域海盆空间尺度、多年代时间尺度的海温自然变率（Bjerknes，1964；李双林等，2009），振荡周期为 65 ~ 80 年。1951 ~ 2020 年，北大西洋（0° ~ 60°N，0° ~ 80°W）海表温度表现出明显的年代际变化特征（图 2.6），近 70 年来经历了"暖—冷—暖"的年代际变化：20 世纪 50 ~ 60 年代海表温度偏高，70 年代初期至 90 年代中期海表温度以偏低为主，90 年代后期以来北大西洋海表温度持续偏高。2020 年，北大西洋平均海表温度距平值为 0.22℃。

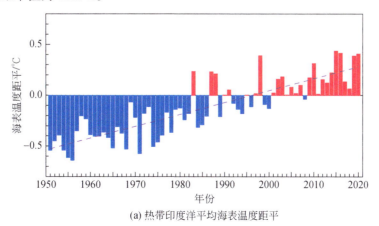

(a) 热带印度洋平均海表温度距平

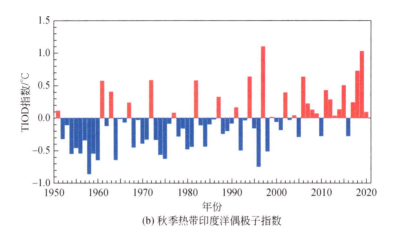

(b) 秋季热带印度洋偶极子指数

图 2.5　1951～2020 年热带印度洋年平均海表温度距平和秋季热带印度洋偶极子指数变化

点线为线性变化趋势线

Figure 2.5　(a) Annual mean SSTA in the Tropical Indian Ocean and (b) changing Tropical Indian Ocean

Dipole index in autumn from 1951 to 2020

The dashed line stands for a linear trend

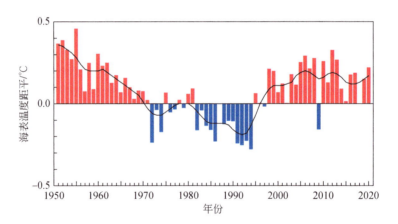

图 2.6　1951～2020 年北大西洋年平均海表温度距平

Figure 2.6　Annual mean SSTA averaged in the North Atlantic from 1951 to 2020

## 2.1.2　海洋热含量

海洋热含量（Ocean Heat Content，OHC）是表征气候变化的一项核心指标，其反映海洋水体热量变化，主要受海水温度变化影响。海水由于比热容较大，海洋变暖在全球变暖驱动的气候系统储存能量的增加中占主导地位（Rhein et al.，2013；Cheng et al.，2019）。且相对于地表和大气中的指标，海洋热含量受厄尔尼诺等气候系统自然变率和天气过程扰动的影响较小（Cheng et al.，2017），为此海洋热含量变化是气候变化的一个较为稳健的指针。

海洋热含量监测主要基于海洋温度观测数据（Abraham et al.，2013）。海洋数据分析显示，1958 ～ 2020 年，全球海洋热含量（上层 2000 m）呈显著增加趋势，增加速率为 $5.8 \times 10^{22}$ J/10a。海洋变暖在 20 世纪 90 年代后显著加速，1990 ～ 2020 年，全球海洋热含量增加速率为 $9.6 \times 10^{22}$ J/10a（图 2.7），是 1958 ～ 1989 年增暖速率的 5.6 倍。2020 年，全球海洋热含量再创新高，较常年值偏高 $23.4 \times 10^{22}$ J，比历史第二高年份（2019 年）高出 $2.0 \times 10^{22}$ J。2011 ～ 2020 年是有现代海洋观测以来海洋最暖的 10 个年份（Cheng et al.，2021）。

2020 年，全球大部分海域热含量较常年值偏高，南大洋（30°S 以南）和大西洋（30°S ～ 40°N）是偏高最为明显的海区（图 2.8）。南大洋和大西洋大幅偏暖主要是因为其背景大洋环流将表层热量输送至深层，且有较强的垂向混合（Meredith et al.，2019）。1960 ～ 2020 年，0 ～ 300 m、300 ～ 700 m、700 ～ 2000 m 和 2000 m 以下的海洋分别存储了全球海洋 40.3%、21.6%、29.2% 和 8.9% 的热量（Cheng et al.，2021）。由于上层海洋比深海变暖更快，海洋层结也在持续加强，海洋垂向分层更为稳定（Li et al.，2020）。海洋层结的加强会抑制海洋垂向热量交换和溶解氧输送，进一步导致全球气温上升，并影响海洋生态系统的健康。

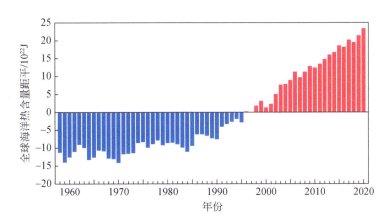

图 2.7　1958 ～ 2020 年全球海洋热含量（上层 2000 m）距平变化
资料来源：中国科学院大气物理研究所

Figure 2.7　Changing global Ocean Heat Content (upper 2000 m) anomalies from 1958 to 2020
Data source: Institute of Atmospheric Physics, Chinese Academy of Sciences

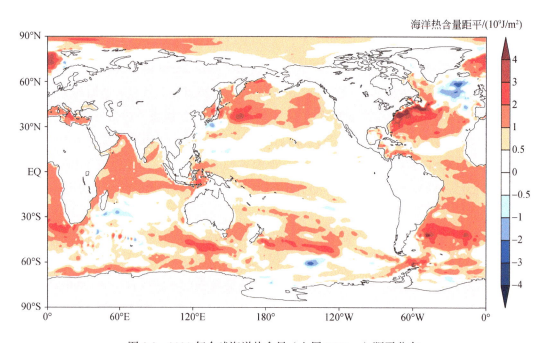

海洋热含量距平/($10^9$J/m²)

图 2.8　2020 年全球海洋热含量（上层 2000 m）距平分布

资料来源：中国科学院大气物理研究所

Figure 2.8　Distribution of global Ocean Heat Content (upper 2000m) anomalies in 2020

Data source: Institute of Atmospheric Physics, Chinese Academy of Sciences

## 2.1.3　海平面

气候变暖背景下，全球平均海平面呈加速上升趋势，山地冰川和极地冰盖物质亏损、海洋热膨胀是海平面上升的主要原因。全球验潮站和卫星高度计观测数据分析显示，1901 ～ 1990 年，全球平均海平面上升速率为 1.4 mm/a（IPCC，2019），1970 ～ 2015 年上升速率为 2.1 mm/a，1993 ～ 2020 年上升速率为 3.3 mm/a；且 2006 ～ 2015 年山地冰川和极地冰盖消融明显大于海水热膨胀，成为全球平均海平面上升的首要贡献源。2020 年，全球平均海平面达到有卫星观测记录以来的最高值（WMO，2021）。

验潮站长期观测资料分析显示，1980 ～ 2020 年，中国沿海海平面变化总体呈波动上升趋势（图 2.9），上升速率为 3.4 mm/a，高于同期全球平均水平。2020 年，中国沿海海平面较 1993 ～ 2011 年平均值高 73 mm，为 1980 年以来的第三高位；渤海、黄海、东海和南海沿海海平面较 1993 ～ 2011 年平均值分别高 86 mm、60 mm、79 mm 和 68 mm[①]。

──────────

[①]自然资源部海洋预警监测司 . 2021. 2020 年中国海平面公报。

图 2.9 1980～2020 年中国沿海海平面距平（相对于 1993～2011 年平均值）

资料来源：国家海洋信息中心

Figure 2.9 Annual mean sea level anomalies (relative to 1993-2011) along the China's coast

from 1980 to 2020

Data source: National Marine Data & Information Service

香港维多利亚港验潮站监测表明，1954～2020 年，维多利亚港年平均海平面呈上升趋势，上升速率为 3.1 mm /a；海平面于 1990～1999 年急速上升，2000～2008 年缓慢回落，2009 年以来维持高位。2020 年，维多利亚港海平面较 1993～2011 年平均值高 30 mm（图 2.10）。

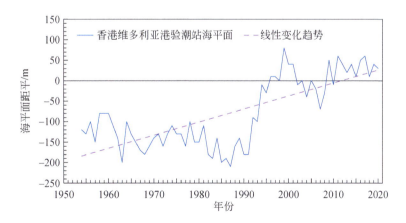

图 2.10 1954～2020 年香港维多利亚港海平面距平（相对于 1993～2011 年平均值）

资料来源：香港天文台

Figure 2.10 Annual mean sea level anomalies (relative to 1993-2011) of the Hong Kong Victoria Harbor

from 1954 to 2020

Data source: Hong Kong Observatory

## 2.2 陆 地 水

### 2.2.1 地表水资源量

1961～2020 年，中国地表水资源量年际变化明显，20 世纪 90 年代中国地表水资源量以偏多为主，2003～2013 年总体偏少，2015 年以来中国地表水资源量转为以偏多为主（图 2.11）。2020 年，中国地表水资源量较常年值偏多 8.9%；松花江、淮河和长江流域明显偏多，依次较常年值偏多 37.5%、24.3% 和 22.3%，其中长江和松花江流域地表水资源量均为 1961 年以来最多，淮河流域为 1961 年以来第三多；辽河、海河和黄河流域分别较常年值偏多 12.1%、11.6% 和 15.6%；珠江、东南诸河、西南诸河和西北内陆河流域分别较常年值偏少 5.4%、7.8%、8.1% 和 7.3%。

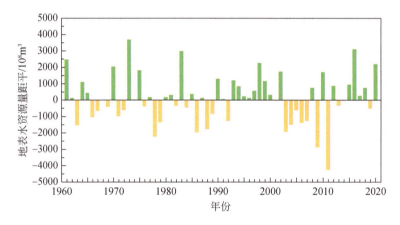

图 2.11  1961～2020 年中国地表水资源量距平

Figure 2.11  Annual surface water resources anomalies in China from 1961 to 2020

2020 年，中国平均年径流深为 338.2 mm，较常年值偏高 9.5%。松花江流域、辽河流域大部、海河流域、黄河流域大部、淮河流域、长江流域大部、珠江流域北部、东南诸河流域北部、西南诸河流域西北部径流深较常年值偏高，其中长江流域中部和东部、珠江流域中北部、东南诸河流域西北部偏高 100～200 mm，长江中下游部分地区偏高 200 mm 以上；珠江流域东南部和南部、东南诸河流域东南部、西南诸河流域南部部分地区偏低 100～200 mm，广东东北部局部地区偏低 200 mm 以上（图 2.12）。

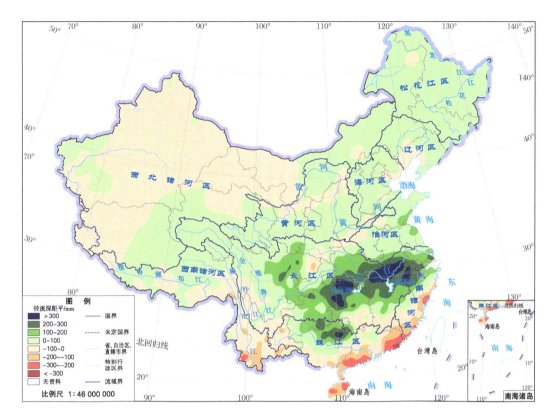

图 2.12　2020 年中国径流深距平分布

Figure 2.12　Distribution of runoff depth anomalies in China in 2020

## 2.2.2　湖泊水体面积与水位

### 1. 鄱阳湖水体面积

1989 ～ 2020 年，鄱阳湖 8 月水体面积年际波动明显（图 2.13）。1998 年之前鄱阳湖 8 月水体面积较 1991 ～ 2020 年同期平均值总体偏小；但 1998 年以来水体面积年际波动幅度明显变大，水体面积最大值和最小值分别出现在 1998 年和 1999 年。2020年 8 月，鄱阳湖水体面积为 4110 km²，较 1991 ～ 2020 年同期平均值偏大 21.6%，为1989 年以来同期第二大值，仅小于 1998 年 8 月。

2020 年汛期（5 ～ 9 月），除 5 月外，鄱阳湖水体面积持续超过 3000 km²；5 ～ 7月快速增大后，7 ～ 9 月均维持在较高水平。其中 7 月面积最大，水体面积达 4403km²；5 月面积最小，为 1722 km²，仅为 7 月面积的 39.1%（图 2.14）。

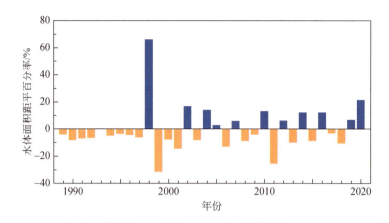

图 2.13　1989～2020 年鄱阳湖水域 8 月水体面积距平百分率（相对于 1991～2020 年平均值）

Figure 2.13　Waterbody area anomaly percentages (relative to 1991-2020) of the Poyang Lake in August from 1989 to 2020

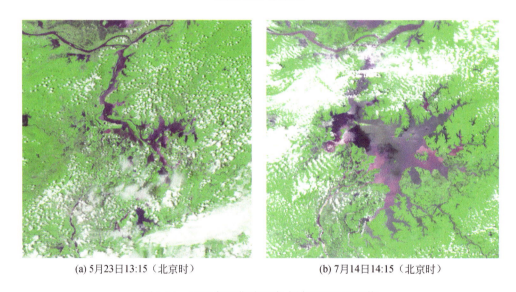

(a) 5月23日13:15（北京时）　　　　　　　(b) 7月14日14:15（北京时）

图 2.14　2020 年汛期鄱阳湖水域卫星监测图像

利用 FY-3D、FY-3B/MERSI 卫星数据制作

Figure 2.14　The Poyang Lake as monitored during flood season in 2020

(a) 23 May, 13:15 (Beijing Time); and (b) 14 July, 14:15 (Beijing Time)

Using FY-3D，FY-3B/MERSI data

## 2. 洞庭湖水体面积

1989～2020 年，洞庭湖 8 月水体面积总体呈减小趋势，但近年趋于平稳（图 2.15）。1989 年以来，洞庭湖 8 月水体面积的最大值和最小值分别出现在 1996 年和 2006 年（邵佳丽等，2015）。2020 年 8 月，洞庭湖水体面积为 2352 km²，较 1991～2020 年同期

平均值偏大 37.3%，为 1989 年以来同期第三大值，仅低于 1996 年 8 月和 1998 年 8 月。

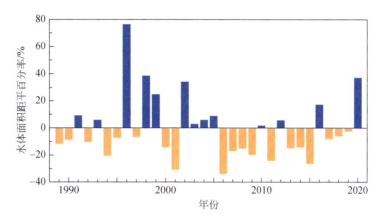

图 2.15　1989～2020 年洞庭湖水域 8 月水体面积距平百分率（相对于 1991～2010 年平均值）

Figure 2.15　Waterbody area anomaly percentages (relative to 1991-2010) of the Dongting Lake in August from 1989 to 2020

　　2020 年汛期（5～9 月），洞庭湖水体面积月际变化幅度较大，5～7 月水体面积大幅度增长，之后维持在较高水平。其中 7 月面积最大，达 2404 km²；5 月面积最小，为 675 km²，仅为 7 月面积的 28.1%（图 2.16）。

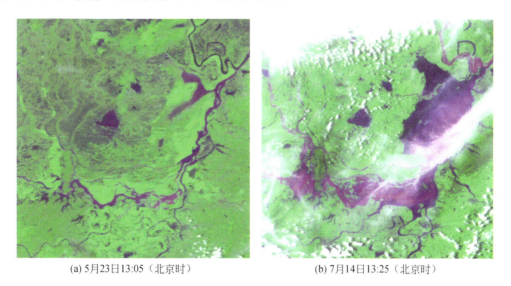

(a) 5月23日13:05（北京时）　　　　　(b) 7月14日13:25（北京时）

图 2.16　2020 年汛期洞庭湖水域卫星监测图像

利用 FY-3D/MERSI 数据制作

Figure 2.16　The Dongting Lake as monitored during flood season in 2020

(a) 23 May, 13:05 (Beijing Time); and (b) 14 July, 13:25 (Beijing Time)

Using FY-3D/MERSI data

### 3. 青海湖水位

青海湖是中国最大的内陆湖泊，位于青藏高原的东北部，是维系区域生态安全的重要水系。湖泊水位是反映区域生态气候和水循环的重要监测指标（朱立平等，2019）。1961～2004 年，青海湖水位呈显著下降趋势，平均每 10 年下降 0.76 m，渔业资源减少、鸟类栖息环境恶化等生态环境效应凸显（杨萍等，2013）。2005 年以来，受青海湖流域气候暖湿化的影响，入湖径流量增加，青海湖水位止跌回升（李林等，2011；金章东等，2013），转入上升期（图 2.17）。2020 年，青海湖流域平均降水量 415.2 mm，较常年值偏多 39.2mm，年平均气温较常年值偏高 0.4℃；流域冰雪融水和降水补给量均较常年值偏多，青海湖水位为 3196.34 m，较常年值高出 2.80 m，较 2019 年上升 0.37 m。2005 年以来，青海湖水位连续 16 年回升，累计上升 3.47 m；2016～2020 年水位加速上升，2020 年已达到 20 世纪 60 年代初期的水位。

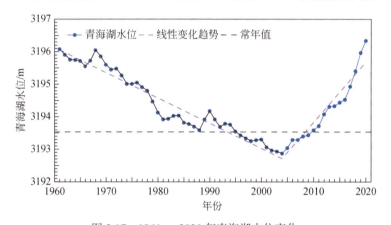

图 2.17　1961～2020 年青海湖水位变化
数据来源：青海省水利厅
Figure 2.17　Changing water level of the Qinghai Lake from 1961 to 2020
Data source: Qinghai Provincial Water Resources Department

## 2.2.3　地下水水位

地下水水位与降水量、河道流量及持续时间、渗入量及人类活动用水强度等气候环境因素及地质结构密切相关，其存在区域差异及季节、年际动态变化。

### 1. 河西走廊地下水水位

2005～2020 年，河西走廊西部的敦煌和月牙泉、河西走廊东部的武威中部绿洲区地下水水位先下降后平稳上升，民勤青土湖地下水水位表现为稳定上升趋势，而武威东部荒漠区地下水水位呈下降趋势（图 2.18）。2020 年，敦煌和月牙泉监测点浅层地下水埋深依次为 18.11 m、12.33 m，分别较 2019 年减少 0.85m 和 0.32 m，均达到 2005 年以来的最高水位；武威东部荒漠和青土湖地下水埋深分别为 34.70 m 和 2.91 m，与 2019 年持平；武威中部绿洲区监测点浅层地下水埋深为 7.60 m，较 2019 年增加 1.50 m，为近 5 年的最低水位。

图 2.18  2005～2020 年河西走廊典型生态区地下水埋深变化

右侧纵坐标轴对应为青土湖地下水埋深

Figure 2.18  Changing annual groundwater depth in typical ecological regions of Hexi Corridor

from 2005 to 2020

The right-hand vertical axis corresponds to the groundwater depth in the Qingtu Lake

**2. 江汉平原地下水水位**

1981～2020 年，江汉平原荆州站地下水水位与降水量密切相关，阶段性变化特征明显。1981～2002 年，荆州站地下水水位波动上升，随后缓慢下降（图 2.19）。2020 年，

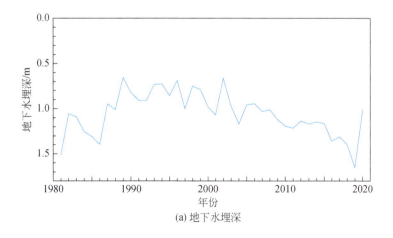

(a) 地下水埋深

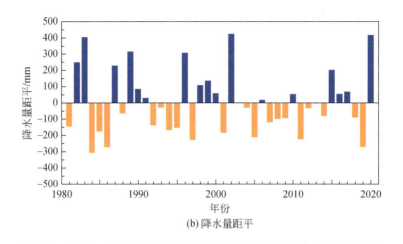

(b) 降水量距平

图 2.19　1981～2020 年江汉平原荆州站地下水埋深和降水量距平变化

Figure 2.19　Changing annual groundwater depth (a) and precipitation anomaly (b) at Jingzhou

Observing Site in Jianghan Plain from 1981 to 2020

荆州站年降水量为 1493.5 mm，较常年值偏多 416.4mm，比 2019 年偏多 686.9 mm，为 1981 年以来的第二高值；2020 年，荆州站浅层地下水埋深为 1.01 m，比 2019 年减 小 0.64 m，地下水水位为近 10 年最高。

# 第3章 冰 冻 圈

冰冻圈，是指地球表层具一定厚度且连续分布的负温圈层，主要分布于高纬度和高海拔地区，其组成要素包括冰川（含冰盖）、冻土（多年冻土和季节冻土）、积雪、河冰、湖冰、海冰、冰架、冰山和海底多年冻土，以及大气圈内的冻结状水体（秦大河等，2020）。作为气候系统五大圈层之一，冰冻圈储存了地球75%的淡水资源，是全球气候变化的调控器和启动器，不同时空尺度的冰冻圈变化对大气、水资源和水循环、生态系统、陆地和海洋环境、国际地缘政治、全球和区域社会经济发展等有重要影响。中国是中低纬度冰冻圈最发育的国家，以退缩为明显特征的冰冻圈变化与气候安全、生态环境保护、重大工程建设和社会经济可持续发展等息息相关（姚檀栋，2019；康世昌等，2020；Ding et al.，2021）。

## 3.1 陆地冰冻圈

### 3.1.1 冰川

**1. 冰川物质平衡**

冰川物质平衡是表征冰川变化（积累和消融）的重要指标，主要受控于物质和能量收支状况，其对气温、降水和地表辐射变化响应敏感（李忠勤等，2019；Xu et al.，2019）。全球参照冰川（Zemp et al.，2019）监测结果表明，1960～2020年，全球参照冰川平均物质平衡量为–440 mm/a（图3.1）。20世纪60年代，全球冰川相对稳定，参照冰川平均物质平衡量为–174 mm/a；1970～1984年，全球冰川快速消融，参照冰川平均物质平衡量为–226 mm/a；随后全球冰川消融加速，1985～2020年参照冰川平均物质平衡量达到–603 mm/a。2020年，全球冰川总体处于物质高亏损状态，参照冰川平均物质平衡量为–982 mm w.e.，为1960年以来的第四强消融年；2016～2020年，参照冰川平均物质平衡量达到–1019 mm/a；1960～2020年，全球参照冰川平均累积物质损失已达到 26.837 m w.e.。

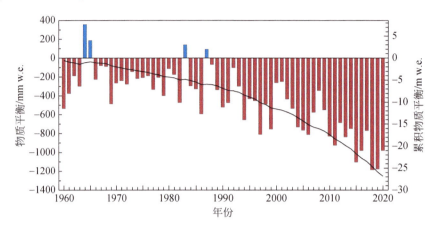

图 3.1　1960～2020 年全球参照冰川平均物质平衡（柱形图）和累积物质平衡（曲线，相对于 1960 年）
变化

资料来源：世界冰川监测服务处

Figure 3.1　Changing annual mass balances (column) and cumulative mass balances relative to 1960 (curve)
of global reference glaciers from 1960 to 2020

Data source: World Glacier Monitoring Service

中国天山乌鲁木齐河源 1 号冰川（简称乌源 1 号冰川）（43°05′N，86°49′E）属大陆性冰川，是全球参照冰川之一（李忠勤等，2019；Wang et al.，2014）。观测结果表明，1960～2020 年，乌源 1 号冰川平均物质平衡量为 –350mm/a，冰川呈加速消融趋势（图 3.2），与全球冰川总体变化相一致。1960 年以来，乌源 1 号冰川经历了两次加速消融过程：第一次发生在 1985 年，多年平均物质平衡量由 1960～1984 年的 –81 mm/a 降至 1985～1996 年的 –273 mm/a；第二次从 1997 年开始，消融更为强烈，1997~2020 年的多年平均物质平衡量降至 –668 mm/a，其中 2010 年冰川物质平衡量跌至 –1327 mm w.e.，为有观测资料以来的最低值。2020 年，乌源 1 号冰川物质平衡量为 –712 mm w.e.；1960~2020 年，乌源 1 号冰川累积物质损失 21.318 m w.e.，略小于同期全球参照冰川平均消融水平。

木斯岛冰川（47°04′N，85°34′E）位于萨吾尔山北坡，是阿尔泰山地区的参照冰川之一（怀保娟等，2016）。自 2014 年连续系统观测以来，该冰川相对于乌源 1 号冰川有更为严重的物质亏损。2016～2020 年，木斯岛冰川物质平衡年际变化较大，分别为 –975 mm w.e.、–1192 mm w.e.、–1286 mm w.e.、–310 mm w.e. 和 –666 mm w.e.，其间平均物质平衡为 –885.8 mm/a，物质损失水平高于同期乌源 1 号冰川。

小冬克玛底冰川（33°04′N，92°04′E）位于青藏高原腹地唐古拉山口，是长江源区布曲流域典型的极大陆性冰川（张健等，2013）。监测结果表明，1989 ~ 2020 年，小冬克玛底冰川平均物质平衡量为 –289 mm/a，整体上呈加速消融趋势（图 3.3）。其中，1989 ~ 1997 年，小冬克玛底冰川相对稳定，平均物质平衡量为 –30 mm/a；

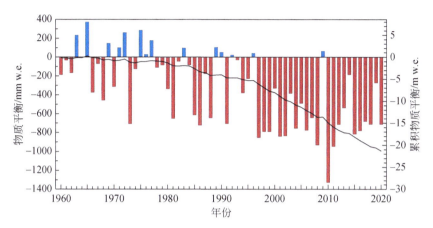

图 3.2　1960~2020 年天山乌鲁木齐河源 1 号冰川物质平衡（柱形图）和累积物质平衡（曲线，相对于 1960 年）变化

资料来源：中国科学院天山冰川观测试验站

Figure 3.2　Changing annual mass balances (column) and cumulative mass balances relative to 1960 (curve) of Glacier No.1 at the headwaters of Urumqi River in Tianshan Mountain from 1960 to 2020

Data source: Tianshan Glaciological Station, Chinese Academy of Sciences

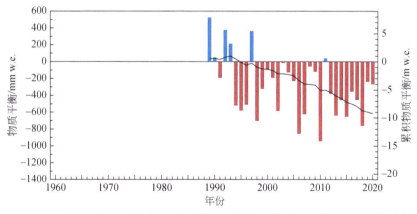

图 3.3　1989~2020 年长江源区小冬克玛底冰川物质平衡（柱形图）和累积物质平衡（曲线，相对于 1989 年）变化

资料来源：中国科学院冰冻圈科学国家重点实验室唐古拉冰冻圈与环境观测研究站

Figure 3.3　Changing annual mass balances (column) and cumulative mass balances relative to 1989 (curve) of Xiaodongkemadi Glacier in the source region of Yangtze River from 1989 to 2020

Data source: Tanggula Cryosphere and Environment Observation Station, State Key Laboratory of Cryospheric Science, Chinese Academy of Sciences

1998～2003 年，冰川发生显著消融，平均物质平衡量为 –288 mm/a；2004～2020 年，消融加速，平均物质平衡量降至 –417 mm/a，2010 年冰川物质平衡量跌至 –942 mm w.e.，为有观测资料以来的最低值。2020 年，小冬克玛底冰川物质平衡量为 –264 mm w.e.，物质损失明显低于乌源 1 号冰川、木斯岛冰川及全球参照冰川平均水平；1989～2020 年，小冬克玛底冰川累积物质损失 9.246m w.e.，弱于同期乌源 1 号冰川消融强度。

**2. 冰川末端位置**

冰川末端进退亦是反映冰川变化的重要指标之一，是冰川对气候变化的综合及滞后响应。1980 年以来，乌源 1 号冰川末端退缩速率总体呈加快趋势（图 3.4）。由于强烈消融，乌源 1 号冰川在 1993 年分裂为东、西两支。监测结果表明，在冰川分裂之前的 1980～1993 年，冰川末端平均退缩速率为 3.6 m/a；1994～2020 年，东、西支平均退缩速率分别为 5.0 m/a 和 5.7 m/a。2011 年之前，西支退缩速率大于东支，之后东支加速退缩，两者退缩速率呈现出交替变化特征，但东支总体快于西支。2020 年，乌源 1 号冰川东、西支分别退缩了 7.8m 和 6.7m。

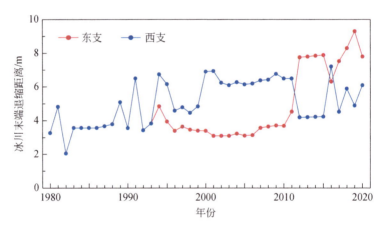

图 3.4　1980～2020 年中国天山乌鲁木齐河源 1 号冰川末端退缩距离
资料来源：中国科学院天山冰川观测试验站
Figure 3.4　Retreat rate of Glacier No.1 at the headwaters of Urumqi River in Tianshan Mountain
from 1980 to 2020
Data source: Tianshan Glaciological Station, Chinese Academy of Sciences

1989～2017 年，阿尔泰山区木斯岛冰川的平均退缩速率为 11.5 m/a，高于同期乌源 1 号冰川的平均退缩速率。2017 年、2018 年和 2019 年，木斯岛冰川末端分别退缩了 9.5 m、10.9 m 和 7.6 m；2020 年，冰川末端退缩 9.9 m，较 2019 年有所加快。

长江源区冬克玛底冰川因强烈消融于 2009 年分裂为大、小冬克玛底冰川。

2009 ～ 2020 年，大、小冬克玛底冰川末端平均退缩速率分别为 8.1 m/a 和 7.3 m/a，退缩速率总体呈明显的上升趋势。2020 年，大、小冬克玛底冰川末端分别退缩了 10.1m 和 15.7m，其中小冬克玛底冰川退缩距离为有观测记录以来的最大值。

## 3.1.2 冻土

多年冻土是冰冻圈的重要组成部分。青藏高原是全球中纬度面积最大的多年冻土分布区（程国栋等，2019），多年冻土的存在和变化对区域气候、碳循环、生态环境和水资源安全、寒区重大工程建设和安全运营等产生显著影响（Mu et al.，2020）。位于多年冻土之上的活动层是多年冻土与大气之间水热交换的过渡层，活动层厚度是多年冻土区气候环境变化最直观的监测指标之一，其变化是多年冻土区陆面水热综合作用的结果（赵林等，2019）。青藏公路沿线（昆仑山垭口至两道河段）多年冻土区 10 个活动层观测场监测结果显示，近年活动层表现出增厚加快的特点，多年冻土退化明显。1981 ～ 2020 年，活动层厚度呈显著增加趋势（图 3.5），平均每 10 年增厚 19.4cm。2004 ～ 2020 年，活动层底部（多年冻土上限）温度呈显著的上升趋势，平均每 10 年升高 0.30℃。2020 年，青藏公路沿线多年冻土区平均活动层厚度为 237 cm，较 2019 年减薄 6 cm，为有连续观测记录以来的第四高值；多年冻土区活动层底部平均温度为 –1.4℃，较 2019 年略有下降。

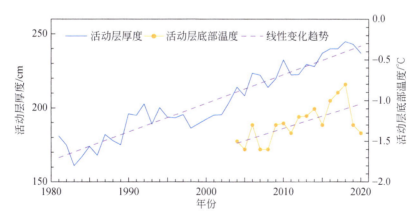

图 3.5 青藏公路沿线多年冻土区活动层厚度和活动层底部温度变化
资料来源：中国科学院青藏高原冰冻圈观测研究站
Figure 3.5 Changing active layer thickness and bottom temperature of active layer in the permafrost zone along the Qinghai-Xizang Highway
Data source: The Cryosphere Research Station on the Qinghai-Xizang Plateau, Chinese Academy of Sciences

西藏中东部地区15个气象站点季节冻土最大冻结深度监测结果显示，1961～2020年，最大冻结深度总体呈减小趋势（图3.6），平均每10年减小6.3 cm，且阶段性变化特征明显。20世纪60～80年代中期，最大冻结深度以较大幅度的年际波动为主，80年代末以来呈显著减小趋势，1998年以来持续小于常年值。2020年，西藏中东部地区季节冻土最大冻结深度较常年值偏小12.4 cm。

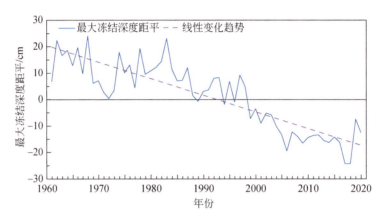

图3.6　1961～2020年西藏中东部地区季节冻土最大冻结深度距平

Figure 3.6　Anomalies of maximum frozen depth for seasonal frozen ground in central and eastern Xizang from 1961 to 2020

东北地区109个气象站点季节冻土最大冻结深度监测结果显示，1961～2020年，最大冻结深度呈减小趋势（图3.7），平均每10年减小5.4 cm。2020年，东北地区季节冻土最大冻结深度较常年值偏小20.3 cm，为1960年以来的第二小值。

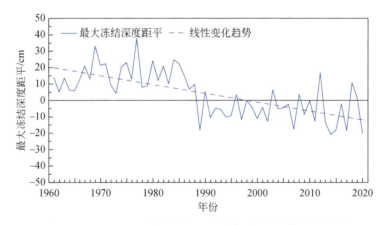

图3.7　1961～2020年东北地区季节冻土最大冻结深度距平

Figure 3.7　Anomalies of maximum frozen depth for seasonal frozen ground in Northeast China from 1961 to 2020

### 3.1.3　积雪

积雪是冰冻圈的重要组成部分，存在着显著的季节和年际变化，其空间分布、属性及积雪期变化对大气环流和气候变化响应迅速（张廷军和车涛，2019）。卫星监测表明，2002 ~ 2020 年，中国西北积雪区和东北及中北部积雪区平均积雪覆盖率均呈弱的下降趋势；青藏高原积雪区平均积雪覆盖率略有增加，年际振荡明显（图 3.8）。2020 年，东北及中北部和青藏高原积雪区积雪覆盖率分别为 38.6% 和 35.4%，均较 2002 ~ 2019 年平均值略偏高；西北积雪区积雪覆盖率为 27.8%，较 2002 ~ 2019 年平均值偏低，为近 5 年最低值。

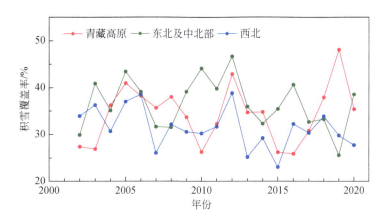

图 3.8　2002 ~ 2020 年中国主要积雪区积雪覆盖率变化

Figure 3.8　Snow cover fraction in major snow-covered regions in China from 2002 to 2020

积雪日数监测显示，2020 年，全国平均积雪日数 22.0 天，东北及中北部、青藏高原和西北积雪区平均积雪日数分别为 42.4 天、22.4 天和 23.7 天。东北地区西北部、内蒙古东部、阿尔泰山、天山、祁连山、喜马拉雅山中西段等地积雪日数超过 100 天，局部超过 120 天（图 3.9）。

与 2002 ~ 2019 年平均值相比，2020 年，全国平均积雪日数偏多 4.0 天，东北和青藏高原积雪区平均积雪日数分别偏多 13.0 天和 1.6 天，西北积雪区与 2002 ~ 2019 年平均值持平。东北地区西北部和西南部、内蒙古中东部、西北地区中部、青藏高原中北部大部地区、新疆中东部局部积雪日数偏多超过 20 天（图 3.10）；而东北地区东北部局部、内蒙古东部局部、青藏高原西北部和东南部、新疆北部和南部部分地区积雪日数偏少 20 天以上。

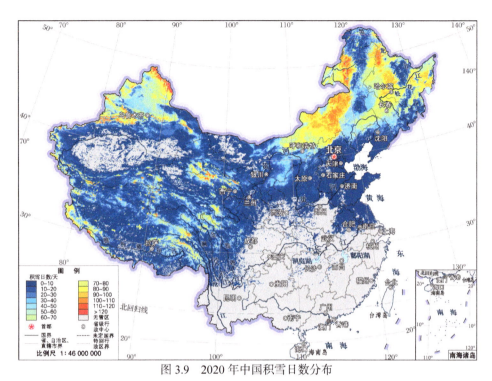

图 3.9　2020 年中国积雪日数分布

Figure 3.9　Distribution of the number of snow cover days in China in 2020

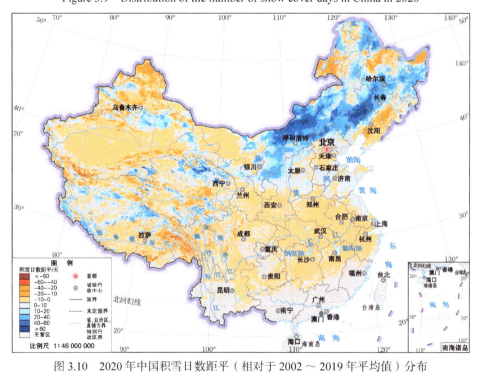

图 3.10　2020 年中国积雪日数距平（相对于 2002 ～ 2019 年平均值）分布

Figure 3.10　Distribution of the number of snow cover days anomalies (relative to 2002-2019) in China in 2020

## 3.2 海洋冰冻圈

### 3.2.1 北极海冰

海冰作为冰冻圈系统的重要成员，其高反照率、对海洋大气间热量和水汽交换的抑制作用，以及海冰生消所伴随的潜热变化，对高纬地区海洋大气的热量收支和海洋生态环境产生重要影响。海冰范围、厚度和密集度的季节和年际变化直接引起高纬地区大气环流变化，并通过遥相关与复杂的反馈过程影响中、低纬地区的天气气候系统（效存德等，2020）。

北极海冰范围（海冰密集度≥15%的区域）通常在 3 月和 9 月分别达到其最大值和最小值。1979～2020 年，北极海冰范围呈一致性的下降趋势，3 月和 9 月海冰范围的线性趋势分别为平均每 10 年减少 2.6% 和 13.1%。2020 年 3 月，北极海冰范围是 $1478 \times 10^4 \mathrm{km}^2$［图 3.11（a）］，较常年值偏小 4.2%；2020 年 9 月，北极海冰范围为 $392 \times 10^4 \mathrm{km}^2$［图 3.11（b）］，较常年值偏小 38.9%，为有卫星观测记录以来的同期第二低值，仅次于 2012 年 9 月。

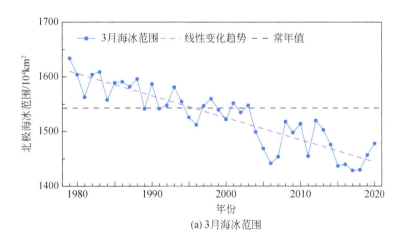

(a) 3 月海冰范围

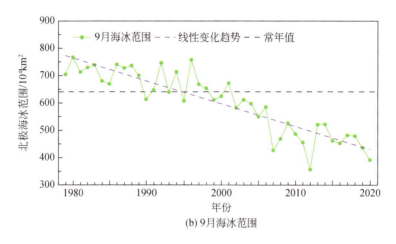

(b) 9月海冰范围

图 3.11  1979 ～ 2020 年 3 月和 9 月北极海冰范围变化
资料来源：美国国家冰雪数据中心
Figure 3.11  (a) March and (b) September sea ice extent in the Arctic from 1979 to 2020
Data source: National Snow and Ice Data Centre

## 3.2.2  南极海冰

南极海冰范围通常在 9 月和 2 月分别达到其最大值和最小值。1979 ～ 2020 年，南极海冰范围无显著的线性变化趋势，其中，1979 ～ 2015 年，南极海冰范围波动上升，但2016年以来海冰范围总体以偏小为主。2020年9月，南极海冰范围为 $1877 \times 10^4 km^2$[图 3.12（a）]，接近常年值略偏大；2020 年 2 月，南极海冰范围为 $287 \times 10^4 km^2$[图 3.12（b）]，较常年值偏小 6.5%。

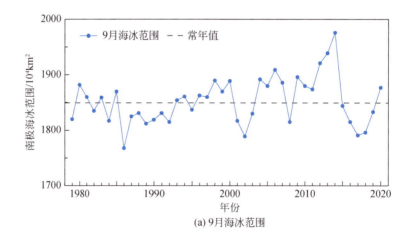

(a) 9月海冰范围

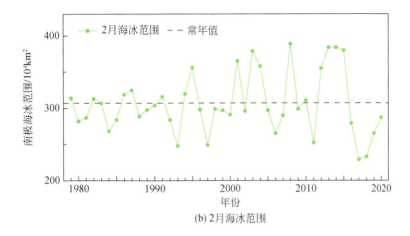

(b) 2月海冰范围

图 3.12　1979 ～ 2020 年 9 月和 2 月南极海冰范围变化

资料来源：美国国家冰雪数据中心

Figure 3.12　(a) September and (b) February sea ice extent in the Antarctic from 1979 to 2020

Data source: National Snow and Ice Data Centre

### 3.2.3　渤海海冰

中国海冰主要出现在每年冬季的渤海，对海洋生态环境以及海洋渔业、海上交通运输、海上工程施工、海上石油生产和沿海水产养殖等有重要影响。该区域是全球纬度最低的结冰海域，其冰情演变过程可分为初冰期、发展期和终冰期三个阶段。

风云卫星海冰遥感监测显示，2019/2020 年冬季，渤海海冰初冰日出现于 2019 年12 月上旬，终冰日出现于 2020 年 2 月下旬，冰情较 1994 ～ 2019 年平均水平偏轻，属轻冰年（图 3.13）。海冰主要出现于辽东湾，而渤海湾和莱州湾未见明显冰情。

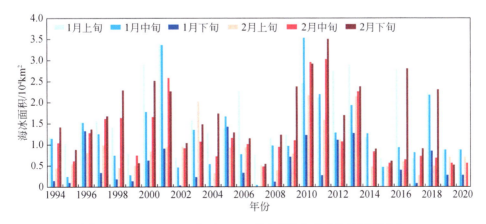

图 3.13　1994 ～ 2020 年（1 ～ 2 月）渤海旬最大海冰面积变化

Figure 3.13　Changing dekad maximum sea ice area in Bohai Sea from January to February during 1994-2020

2019/2020 年冬季，渤海全海域最大海冰面积为 7709 km²，出现于 2020 年 2 月 6 日（图 3.14），仅为 1994 ～ 2019 年冬季最大海冰面积平均值的 41%，为 1994 年以来年冬季最大海冰面积的第二低值。

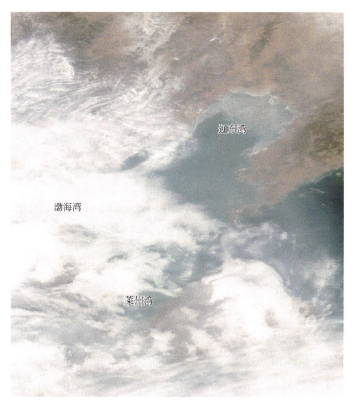

图 3.14　2019/2020 年冬季渤海最大海冰面积监测图（FY-3D/MERSI，2020 年 2 月 6 日）

Figure 3.14　Maximum Bohai sea ice area in winter (FY-3D/MERSI) on 6 February 2020

# 第4章 生 物 圈

地球上的全部生物及其无机环境的总和构成地球上最大的生态系统——生物圈。陆地占地球表面的 29%，陆地生态系统可为人类生存和发展提供不可或缺的自然资源。气候要素是决定陆地生态系统分布、结构及功能的主要因素，而陆地生物系统通过调节水循环、碳氮循环和能量流动过程从而影响整个气候系统，同时对水资源、粮食安全、环境和众多行业领域产生深远的影响。海洋约占地球表面积的 71%，其丰富的生物多样性以及海洋生物赖以生存的海洋环境构成了海洋生态系统，其可划分为近岸海洋生态系统和大洋生态系统。近岸海洋生态系统又可分为珊瑚礁、红树林、海草床、盐沼等生态系统。海洋生态系统中蕴藏着丰富的资源，在调节全球气候方面起着重要的作用。全球气候变暖背景下，海洋生态系统正受到海水温度升高和海水酸化等的严重威胁。综合利用地面观测和卫星遥感资料开展对地表温度、土壤湿度、物候及生物地球化学循环等多尺度陆面过程关键要素或变量和珊瑚礁、红树林等典型海洋生态系统的监测，是科学认识生物圈变化与生态系统碳汇演化规律、保障生态文明建设和区域气候变化适应的重要前提。

## 4.1 陆地生物圈

### 4.1.1 地表温度

1961～2020 年，中国年平均地表温度（0 cm 地温）呈显著上升趋势（图 4.1），升温速率为 0.34℃/10a。20 世纪 60 年代至 70 年代中期，中国年平均地表温度呈阶段性下降趋势，之后中国年平均地表温度呈明显上升趋势（Wang et al.，2017），但 2005年以来变化趋于平稳。2020 年，中国年平均地表温度为 14.2℃，较常年值偏高 1.3℃，与 2007 年并列为 1961 年以来的第二高值。

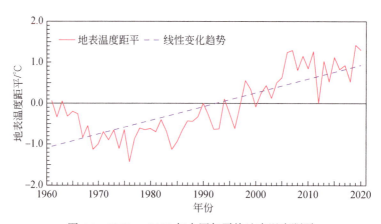

图 4.1　1961～2020 年中国年平均地表温度距平

Figure 4.1　Annual mean land surface temperature anomalies in China from 1961 to 2020

　　2020 年，中国大部地区地表温度较常年值偏高（图 4.2），东北、华北、黄淮、江淮、江南东部、华南中东部、西南东南部、西藏西北部、西北大部地表温度偏高 1℃以

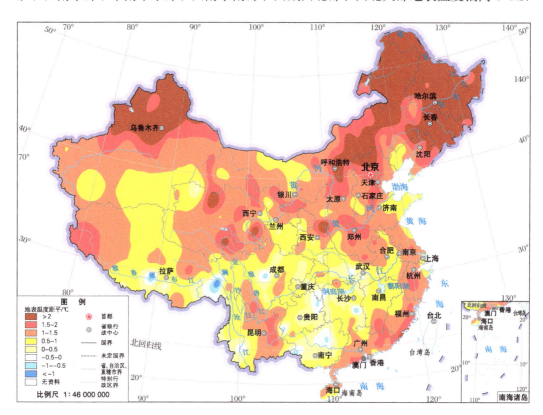

图 4.2　2020 年中国年平均地表温度距平空间分布

Figure 4.2　Distribution of annual mean land surface temperature anomalies in China in 2020

上，其中黑龙江、吉林大部、内蒙古中东部和新疆北部偏高 2℃以上；广西中西部局部、四川中部局部、贵州东部局部、西藏东部和南部局部地表温度偏低 0 ～ 1℃。

## 4.1.2 土壤湿度

1993 ～ 2020 年，中国不同深度（10 cm、20 cm 和 50 cm）年平均土壤相对湿度总体呈增加趋势，且随着深度的增加，土壤相对湿度增大（图 4.3）。从阶段性变化来看，20 世纪 90 年代至 21 世纪初，土壤相对湿度呈减小趋势，之后呈波动上升趋势，特别是 2012 年以来增加趋势明显。2020 年，中国 10 cm、20 cm 和 50 cm 深度年平均土壤相对湿度分别为 75%、79% 和 81%，较 2019 年依次上升 3%、3% 和 2%。

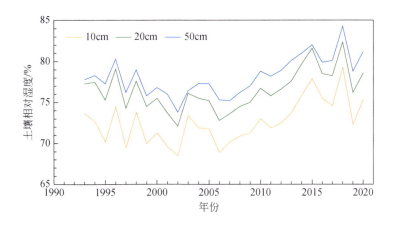

图 4.3　1993 ～ 2020 年中国年平均土壤相对湿度

Figure 4.3　Annual mean relative soil moisture in China from 1993 to 2020

## 4.1.3 陆地植被

### 1. 植被覆盖

2000 ～ 2020 年，中国年平均归一化差植被指数（NDVI）（刘良云，2014）呈显著上升趋势（图 4.4），全国整体的植被覆盖稳定增加，呈现变绿趋势。2016 ～ 2020 年，中国平均 NDVI 为 0.374，较 2000 ～ 2019 年平均值上升 6.0%，为 2000 年以来植被覆盖状况最好的五年；2020 年，中国平均 NDVI 达到 0.380，较 2000 ～ 2019 年平均值上升 7.6%，为 2000 年以来的最高值。

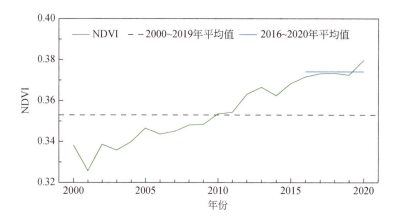

图 4.4　2000 ～ 2020 年卫星遥感（EOS/MODIS）中国年平均归一化差植被指数

Figure 4.4　Annual mean normalized difference vegetation index (NDVI) in China using EOS/MODIS data from 2000 to 2020

　　2020 年，中国中东部大部地区、青藏高原中东部、天山和阿尔泰山区等地年平均 NDVI 超过 0.2 ［图 4.5（a）］；东北东部和北部、内蒙古东北部、陕西南部、黄淮西部以及黄淮以南大部、西藏东南部年平均 NDVI 超过 0.6，植被覆盖明显好于其他地区；

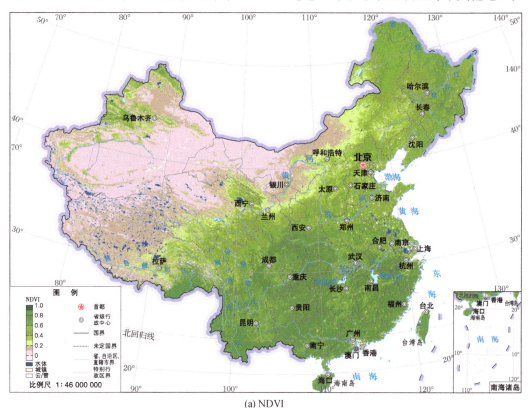

(a) NDVI

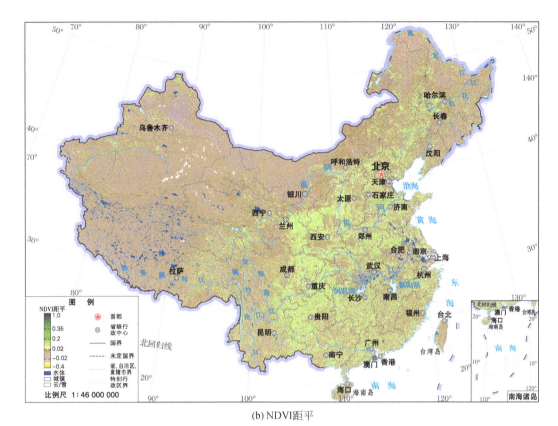

(b) NDVI 距平

图 4.5 卫星遥感（EOS/MODIS）监测 2020 年中国归一化差植被指数及距平

（相对于 2000～2019 年平均值）

Figure 4.5 Distribution of (a) the NDVI and (b) anomalies (relative to 2000-2019) across China
using EOS/MODIS data in 2020

内蒙古中西部、西北中西部大部以及青藏高原北部和中西部年平均 NDVI 低于 0.2，植
被覆盖相对较差。

与 2000～2019 年平均值相比，2020 年我国中东部大部植被长势以偏好为主［图
4.5（b）］，植被覆盖偏好的区域（NDVI 增幅超过 0.02）占全国总面积的 50.2%；植
被略偏差的区域（NDVI 降幅超过 0.02）占 7.7%。

**2. 植物物候**

物候是气候环境变化的敏感指示器，能表征气候环境变化的状态，并反映气
候环境变化的趋势，可作为气候变化的一项独立证据（Dai et al., 2014；Ge et al.,
2015）。中国物候观测网于 1963 年开始植物物候期观测，主要观测的木本物候期包括：
萌动期、展叶期、开花期、果实成熟期、叶变色期和落叶期等 18 个物候期。其中，展
叶始期代表春季物候期，落叶始期代表秋季物候期。

华北地区北京站的玉兰（*Magnolia denudata*）、东北地区沈阳站的刺槐（*Robinia pseudoacacia*）、华东地区合肥站的垂柳（*Salix babylonica*）、西南地区桂林站的枫香树（*Liquidambar formosana*）和西北地区西安站的色木槭（*Acer mono*）5种代表性植物的长序列物候观测资料显示：1963～2020年，5个站点代表性树种的展叶始期均呈显著的提前趋势（图4.6），北京站玉兰、沈阳站刺槐、合肥站垂柳、桂林站枫香树和西安站色木槭展叶始期平均每10年分别提前3.4天、1.4天、2.3天、2.8天和2.7天。2020年，北京、沈阳、合肥、桂林和西安5个站点代表性树种的春季物候期均较常年值偏早，展叶始期分别偏早15天、3天、11天、7天和16天，其中北京站玉兰展叶始期为有观测记录以来最早。

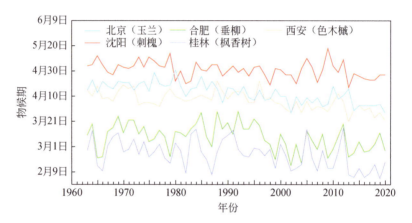

图 4.6　1963～2020 年中国不同地区代表性植物展叶始期变化

数据来源：中国物候观测网

Figure 4.6　Changing first leaf date of typical plants by regions in China from 1963 to 2020

Data source: Chinese Phenological Observation Network

与春季物候期相比，各站点代表性植物落叶始期变化年际波动较大（图4.7）。1963～2020年，沈阳站刺槐和合肥站垂柳落叶始期呈显著推迟趋势，平均每10年分别推迟1.1天和4.8天；北京站玉兰和西安站色木槭落叶始期均呈不显著的推迟趋势；桂林站枫香树落叶始期呈不显著提前趋势。2020年，北京站玉兰、沈阳站刺槐、合肥站垂柳和桂林站枫香树落叶始期较常年值分别偏晚3天、25天、63天和6天，西安站色木槭落叶始期较常年值偏早11天。

### 3. 农田生态系统二氧化碳通量

寿县国家气候观象台（32°26′N，116°47′E）于2007年建成近地层二氧化碳通量观测系统，下垫面为水稻和冬小麦轮作农田，监测评估主要温室气体通量变化，为科学

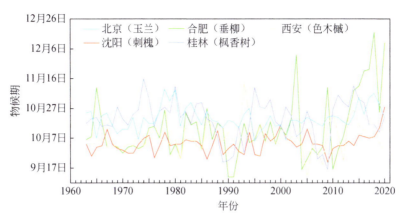

图 4.7 1963 ～ 2020 年中国不同地区代表性植物落叶始期变化

数据来源：中国物候观测网

Figure 4.7 Changing beginning date of leaf-falling of typical plants by regions in China from 1963 to 2020

Data source: Chinese Phenological Observation Network

认识中国东部季风区典型农田生态系统碳循环过程提供基础数据。2007 ～ 2020 年，寿县国家气候观象台观测的农田生态系统（稻茬冬小麦和一季稻）主要表现为二氧化碳净吸收。2007 ～ 2019 年，二氧化碳通量平均值为 –2.7 kg/（m$^2$·a）。2020 年，二氧化碳通量为 –2.18 kg/（m$^2$·a），净吸收较 2007 ～ 2019 年平均值偏少 0.52 kg/（m$^2$·a）。

2007~2019 年的平均状况分析表明，寿县国家气候观象台农田生态系统二氧化碳排放与吸收呈双峰型动态特征（图 4.8），与作物生育阶段密切关联。春季，随冬小麦返青生长，二氧化碳通量逐渐表现为净吸收，并随着冬小麦生长发育而增强；6 月，随着小麦的成熟收割、腾茬、水稻种植（插秧），下垫面的呼吸与分解使得二氧化碳通量表现为净排放；随后水稻进入生长期，二氧化碳通量再次表现为净吸收，直至 10 月上旬水稻成熟；而水稻收获期、冬小麦播种与出苗期，二氧化碳通量基本表现为弱排放，12 月冬小麦进入越冬期，二氧化碳通量表现为弱吸收（Chen et al.，2015）。

与 2007 ～ 2019 年平均值相比，2020 年冬小麦生长季中 1 月至 5 月中旬农田生态系统二氧化碳通量净吸收接近多年平均值，但 12 月为弱的净排放；水稻生长季（7 月至 10 月上旬）二氧化碳通量净吸收减少 10%；作物收获腾茬和种植阶段，6 月二氧化碳通量净排放增加 24%，10 月中旬至 11 月净排放增加 2.9 倍。2020 年农田生态系统二氧化碳通量净吸收的下降与汛期降水异常偏多密切相关。2020 年淮河流域遭遇特大洪涝灾害，6~9 月寿县降水量达 1066 mm，较常年值偏多 92%；水稻生长季降水量较常年值偏多 53%。连续强降雨期间的低温寡照，影响了水稻的生长发育，导致水稻生长季二氧化碳通量净吸收明显减少。同时，前期降水异常偏多造成秋季农田土壤持续过湿，冬小麦播种时间由 10 月中旬推迟到 11 月 9 日，11 月下旬出苗，作物腾茬和种植时间明显延长，二氧化碳通量净排放大幅增加。

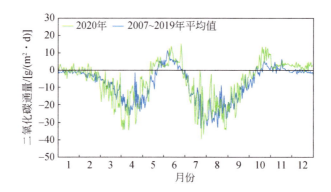

图 4.8　寿县国家气候观象台农田生态系统二氧化碳通量逐日变化

Figure 4.8　Changing daily carbon dioxide flux in agro-ecosystem observed at Shou County National Climate Observatory

### 4.1.4　区域生态气候

**1. 石羊河流域荒漠化**

石羊河流域位于河西走廊东部，是西北地区气候变化敏感区和生态脆弱区。卫星遥感监测显示，2005 ～ 2020 年，石羊河流域荒漠面积呈显著减小趋势（图 4.9）。2020 年，流域荒漠面积 $1.54 \times 10^4$ km²；石羊河流域 2016 ～ 2020 年平均荒漠面积相对于 2005 ～ 2009 年平均值减少 19%。2005~2020 年，石羊河流域总体处于降水偏多的年代际背景下，加之 2006 年启动人工输水工程，受气候因素和工程治理措施的共同影响，

图 4.9　2005 ～ 2020 年石羊河流域荒漠面积与降水量和工程输水量变化

Figure 4.9　Desert area in relating to changing annual precipitation and water volumes transported through engineering projects in the Shiyang River Basin from 2005 to 2020

流域生态环境明显趋于好转。

石羊河流域沙漠边缘进退速度主要受风的动力作用（受控于风向、风速和大风日数等风场要素）影响。2005～2020年，石羊河流域沙漠边缘外延速度总体趋缓，但个别年份波动幅度较大；凉州区东沙窝监测点沙漠边缘外延速度明显减缓（图4.10）。2005～2020年，民勤县蔡旗监测点和凉州区东沙窝监测点沙漠边缘向外推进的平均速度为2.85 m/a和1.12 m/a；2020年，民勤县蔡旗监测点和凉州区东沙窝监测点沙漠边缘分别外推了4.15 m和0.98 m。

图 4.10　2005～2020 年石羊河流域沙漠边缘进退速度变化

Figure 4.10　Changing advancing and retreating speeds of the desert rims in the Shiyang River Basin from 2005 to 2020

### 2. 岩溶区石漠化

石漠化是广西岩溶区突出的生态问题，主要分布于广西西北部和中部。据全国岩溶地区第三次石漠化监测结果：广西石漠化土地面积为 $1.53 \times 10^4$ km$^2$，占广西岩溶区总面积的 18.40%；其中轻度、中度、重度和极重度石漠化土地面积分别占 14.59%、30.01%、52.43% 和 2.97%。近年来，随着"退耕还林""珠江防护林""绿满八桂""金山银山"等重点工程实施和开展岩溶区生态保护与修复工作以及区域内良好的水热条件，广西石漠化土地面积持续减少，岩溶区生态状况稳步向好（叶骏菲等，2019；Chen et al.，2021a）。

卫星遥感监测显示，2000～2020 年，广西石漠化区秋季 NDVI 呈显著的增加趋势（图 4.11）；植被覆盖明显改善的地区占石漠化区总面积的 32.2%，主要分布于来宾市大部、柳州市南部和桂林市东北部；改善不明显或变差的区域主要分布于桂林市南部、南宁市中西部和崇左市；植被明显退化的地区占石漠化区总面积的 10.6%（图 4.12）。2020 年，广西石漠化区总体气候条件较好，利于植被生长，但 7～8 月夏旱和 11～12 月局部地区出现旱情造成植被生长受阻；广西石漠化区秋季 NDVI 为 0.758，较 2000 ～ 2019 年平均值上升 4.4%。

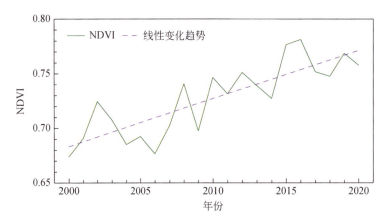

图 4.11　2000 ～ 2020 年广西石漠化区秋季 NDVI 变化

Figure 4.11　Changing NDVI in autumn in Guangxi rockification areas from 2000 to 2020

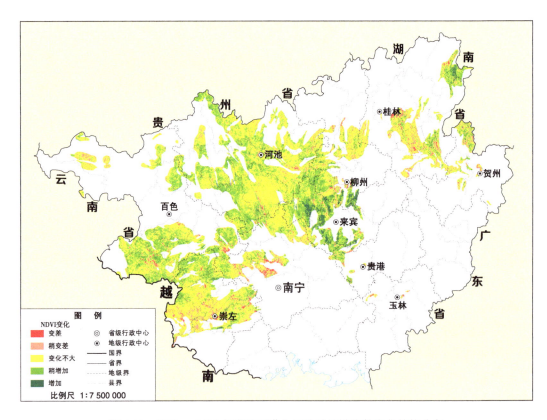

图 4.12　2000 ～ 2020 年广西石漠化区秋季植被指数变化趋势分布

Figure 4.12　Distribution of changing NDVI in autumn in Guangxi rockification areas from 2000 to 2020

## 4.2 海洋生物圈

### 4.2.1 珊瑚礁生态系统

以造礁珊瑚为框架的珊瑚礁生态系统是热带、亚热带海洋最突出、最具有代表性的生态系统，被誉为"海洋中的热带雨林"，是地球上生产力和生物多样性最高的海洋生态系统之一。中国珊瑚礁生态系统主要分布在华南沿海、海南岛和南海诸岛等地，珊瑚礁面积约 $3.8 \times 10^4 \ km^2$（黄晖等，2021）。珊瑚礁生态系统对于维持海洋生态平衡、渔业资源再生、生态旅游观光以及保礁护岸等都至关重要，具有重要的生态学功能和社会经济价值。

近几十年来由于遭受全球气候变化和人类活动的双重压力，全球范围内的珊瑚礁出现了严重的退化趋势（IPCC，2019），珊瑚覆盖率逐年下降。过去 30 年，中国海域的活造礁石珊瑚覆盖率呈下降趋势（黄晖等，2021）；2010 年以来，南海珊瑚热白化现象不断出现，气候变暖对南海珊瑚礁的影响逐渐凸显。

2020 年，南沙群岛、西沙群岛、海南岛、台湾岛、雷州半岛和北部湾等地均观测到严重的珊瑚热白化事件，此次大面积珊瑚礁白化可能是南海海域有观测记录以来最严重的一次。截至 2020 年 9 月，海南临高海域（19°55′N，109°32′E）将近 80% 的珊瑚发生白化，局部区域白化率达 100%；澄迈和儋州海域平均白化率为 60%。现场调研显示，临高海域珊瑚死亡率在 20%～30%，恢复比例在 10%～20%，完全恢复的比例不到 5%。2020 年 5～8 月，西沙群岛的北礁（17°04′N，111°30′E）观测到珊瑚白化事件，部分区域珊瑚白化率可达 100%，并出现少数珊瑚死亡现象。2020 年 8～9 月，广西涠洲岛海域也发生了珊瑚白化，白化程度轻于海南岛，并未发生大面积死亡，但所有造礁石珊瑚种类均出现了白化。

2020 年南海大规模珊瑚白化的直接原因是夏季海水温度过高——长期接近或超过 30℃（图 4.13）。造礁石珊瑚是珊瑚礁生态系统的框架生物，其典型特征是珊瑚 - 虫黄藻的共生，造礁石珊瑚对生存温度要求严格，合适生长温度范围为 25~28℃。珊瑚对海水温度升高非常敏感，当海水月平均温度比长期的夏季平均温度高出 1℃时，此时海水的热周度（Degree Heating Week，DHW）为 4，造礁石珊瑚会慢慢失去体内共生虫黄藻而导致珊瑚变白甚至死亡；而当海水月平均温度异常升高超过 2℃，热周度指数达到 8 以上时即达到珊瑚白化预警阈值，会发生大规模珊瑚白化和死亡（Shirving et al.，2020）。2020 年 8 月上旬，海南岛西北部及雷州半岛西部的热周度指数已接近或超过

16，珊瑚白化预警已达到最高等级。2020 年，南海广泛出现的珊瑚热白化事件，尤其是在较高纬度的临高和涠洲岛海域出现的珊瑚白化，说明在南海纬度相对较高海域的珊瑚也开始面临气候变暖的威胁。

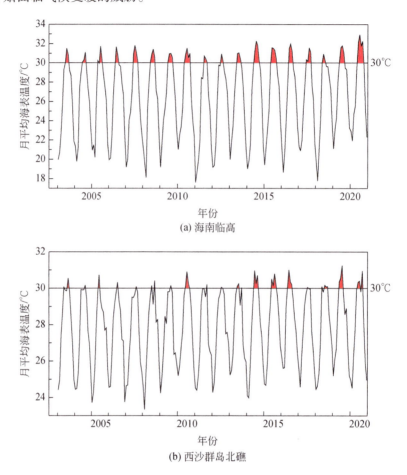

图 4.13　2003 ～ 2020 年海南临高和西沙群岛北礁海域月平均海表温度变化

数据来源：美国国家海洋与大气管理局

Figure 4.13　Monthly mean SST at Lingao, Hainan (a) and Beijiao, the Xisha Islands (b)

from 2003 to 2020

Date source: US National Oceanic and Atmospheric Administration

### 4.2.2　红树林生态系统

红树林是生长在热带、亚热带地区潮间带的木本植物群落（林鹏，1997），具有减缓气候变化、维持生物多样性和提供沿海社区福祉等重要作用，红树林的保护修复是应对气候变化的有效手段。近年来，包括红树林、海草床和盐沼在内的滨海湿地显著的固碳能力受到全球的广泛关注，它们也被称为"蓝碳"生态系统。红树林复杂的地上结构（地表支柱／呼吸根和茂密的植株）发挥的消浪作用有利于促进潮水中颗粒有机碳的沉降，植物凋落物（枯枝落叶）和死亡的根系分解后部分也能埋藏到沉积物中（Chen et al.，2021b），这些有机物在红树林缺氧的土壤环境中分解速率慢而得以长期保存。此外，红树林可以抵御风暴潮，保护其后方的海岸线。

气温、滩涂高程、底质类型和水文条件等因素是决定红树林分布和存活的重要因素。中国红树林自然分布的北界为福建福鼎，而人工引种的北界是浙江乐清湾，主要分布在浙江南部至海南之间的海岸带。20 世纪 50 年代，中国红树林分布面积超过 400 km²（王文卿和王瑁，2007）。卫星遥感监测显示，20 世纪 70 年代以来，中国红树林面积呈现先减少后增加的趋势（图 4.14）。2001 年红树林面积降至 220 km²（王文卿和王瑁，2007）；21 世纪以来，我国通过推进自然保护地建设和生态红线划定等措施加强红树林的保护，并大力实施生态修复工程，截至 2019 年红树林面积恢复到 289 km²，成为世界上少数红树林面积增加的国家之一[①]。

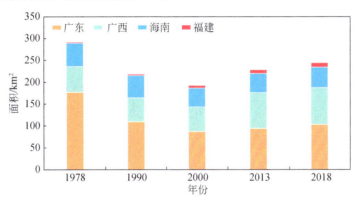

图 4.14  中国红树林主要分布省区的面积变化
根据自然资源部国土卫星遥感监测应用中心（2019）改绘
Figure 4.14  Changing area of mangrove by provinces in China
Modified from Land Satellite Remote Sensing Application Centre, MNR, 2019

①中国将现有红树林全部划入生态保护红线 .http://www.chinanews.com/gn/2020/08-28/9276522.shtml ［2021-04-30］.

# 第5章 气候变化
# 驱动因子

气候变化的主要驱动力来自地球气候系统之外的外强迫因子以及气候系统内部因子间的相互作用。自然强迫因子包括太阳活动、火山活动和地球轨道参数等。工业化时代人类活动通过化石燃料燃烧向大气排放温室气体，以及通过排放气溶胶改变自然大气的成分构成，从而影响地球大气辐射收支平衡；同时，大范围土地覆盖和土地利用方式变化，会改变下垫面特征，导致地气之间能量、动量和水分传输的变化，进而影响全球及区域气候变化。

## 5.1 太阳活动与太阳辐射

### 5.1.1 太阳黑子

太阳活动既有 11 年左右的长周期变化，也存在几分钟到几十分钟的短时爆发过程。通常用太阳黑子相对数来表征太阳活动长周期水平的高低，并将 1755 年太阳黑子数最少时开始的活动周称作太阳的第 1 个活动周（Clette et al.，2014；Clette and Lefèvre，2016）。观测显示，第 24 太阳活动周已于 2019 年 12 月结束，目前太阳活动已经进入第 25 周，预计其总体活动水平与第 24 周大致相当，峰值将出现于 2024 年前后。2020 年，太阳黑子相对数年平均值为 8.6±13.8，略高于 2019 年（3.6±7.1）和 2018 年（7.0±9.5），较第 24 周同期水平（2009 年太阳黑子相对数 4.8±8.9），其活动水平也相对略偏高（图 5.1）。

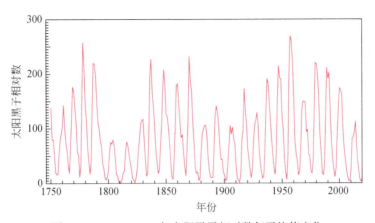

图 5.1　1750～2020 年太阳黑子相对数年平均值变化

资料来源：太阳黑子指数及太阳长期观测中心 - 世界数据中心，比利时皇家天文台

Figure 5.1　Changing annual mean relative sunspot numbers from 1750 to 2020

Data source: World Data Centre SILSO，Royal Observatory of Belgium，Brussels

## 5.1.2　太阳辐射

1961～2020 年，中国陆地表面平均接收到的年总辐射量趋于减少，平均每 10 年减少 10.6（kW·h）/m²，且阶段性特征明显，20 世纪 60 年代至 80 年代中期，中国平均年总辐射量总体处于偏多阶段（马金玉等，2012；Liu et al.，2015），且年际变化较大；20 世纪 90 年代以来，总辐射量处于偏少阶段，年际变化也较小（图 5.2）。2020 年，中国平均年总辐射量为 1447.0（kW·h）/m²，较常年值偏少 26.4（kW·h）/m²。

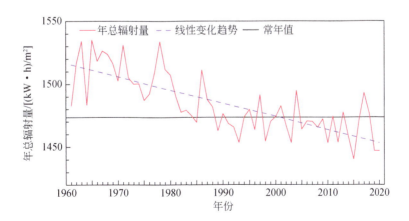

图 5.2　1961～2020 年中国平均年总辐射量

Figure 5.2　Annual mean total solar radiation averaged in China from 1961 to 2020

2020 年，我国华北中北部、西南中西部、青藏高原和西北大部地区年总辐射量超过 1400（kW·h）/m²，其中内蒙古西北部、西藏西南部、甘肃西北部及青海西部部分地区年总辐射量超过 1750（kW·h）/m²，为太阳能资源最丰富区；内蒙古中东部、河北中北部、山西北部、海南、四川西部、云南大部、西藏东部、陕西北部、甘肃中东部、宁夏、青海东部和新疆大部总辐射量 1400～1750（kW·h）/m²，为太阳能资源很丰富区；湖北西南部、湖南西部、重庆、贵州中东部和四川东南部年总辐射量不足 1050（kW·h）/m²，为太阳能资源一般区〔图 5.3（a）〕。

与常年值相比，2020 年，全国大部分地区年总辐射量偏低，其中东北地区中部、华东地区中东部、华中地区大部、西南地区东部、青藏高原中东部和西北地区东南部部分地区年总辐射量偏低超过 5%；仅河北东南部、河南北部、福建东南部、四川东部、西北地区局部年总辐射量偏高 1% 以上〔图 5.3（b）〕。

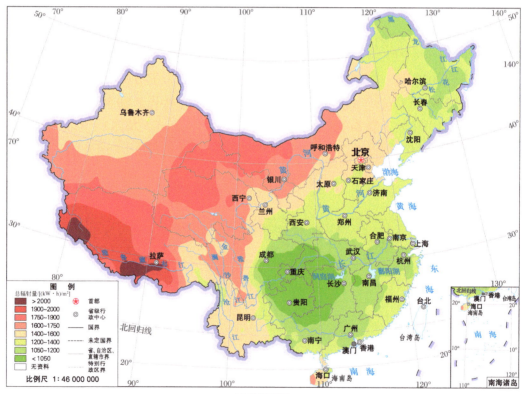

(a) 总辐射量

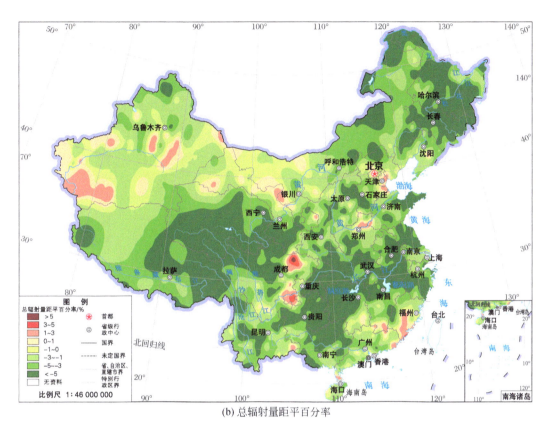

(b) 总辐射量距平百分率

图 5.3  2020 年中国陆地表面太阳总辐射量及其距平百分率空间分布

Figure 5.3  Distribution of (a) the total radiation and (b) its anomaly percentages in China in 2020

## 5.2  火 山 活 动

2020 年，无大型火山持续性爆发。全球活跃的火山包括危地马拉的富埃戈火山（Fuego Volcano）、帕卡亚火山（Pacaya Volcano），印度尼西亚的喀拉喀托火山（Krakatau Volcano）、桑吉昂火山（Sangeang Api Volcano），菲律宾的塔阿尔火山（Taal Volcano），意大利的埃特纳火山（Etna Volcano）、斯特朗博利火山（Stromboli Volcano），智利的比亚里卡火山（Villarrica Volcano）等。

风云四号气象卫星（FY-4A）监测到位于菲律宾吕宋岛的塔阿尔火山于 2020 年 1 月 12 日 15:00 时（北京时，下同）开始喷发，随后的 4h 内塔阿尔火山产生大量的水蒸气、天然气和火山矿物颗粒，所形成的火山灰云面积迅速扩大，并逐渐向北扩散。风云三号 B 星（FY-3B）火山灰云监测图显示：12 日 16:05，火山灰云主体呈团状，并且有清晰的局部冲顶对流中心（图 5.4）。利用 FY-4A 红外数据高度估算，火山灰云顶高度达到

12 km 以上，火山灰云面积约为 3600 km$^2$。

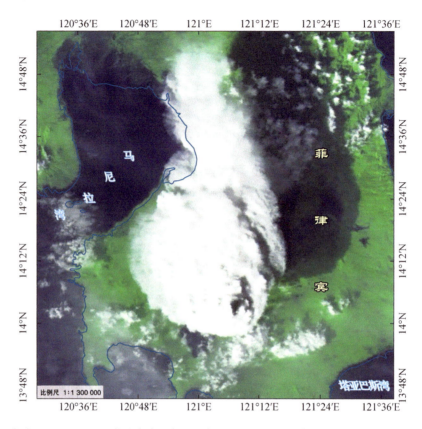

图 5.4　气象卫星（FY-3B）菲律宾塔阿尔火山灰云监测图（2020 年 1 月 12 日 16:05，北京时）
Figure 5.4　Ash clouds from Taal Volcano as monitored by FY-3B at 16:05, January 12, 2020（Beijing Time）

## 5.3　大 气 成 分

### 5.3.1　温室气体

中国青海瓦里关全球大气本底站（36°17′N，100°54′E；海拔3816 m）为世界气象组织/全球大气观测计划（WMO/GAW）的 31 个全球大气本底观测站之一，是中国最先开展温室气体监测的观测站，也是目前欧亚大陆腹地唯一的大陆型全球本底站（Zhou et al.，2005）。1990 ~ 2019 年，瓦里关站大气二氧化碳浓度逐年稳定上升，月平均浓度变化特征与同处于北半球中纬度高海拔地区的美国夏威夷冒纳罗亚（Mauna Loa，19°32′N，155°35′E；海拔 3397m）全球大气本底站（Keeling et al.，1976）基本一致（图

5.5），很好地代表了北半球中纬度地区大气二氧化碳的平均状况。

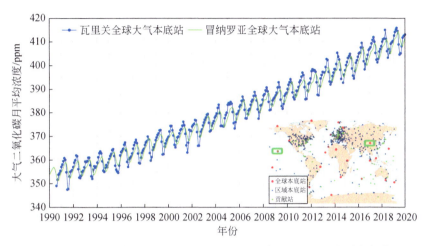

图 5.5　1990～2019 年中国青海瓦里关和美国夏威夷冒纳罗亚全球大气本底站
大气二氧化碳月均浓度变化

美国夏威夷冒纳罗亚全球大气本底站数据源自美国国家海洋与大气管理局，下同

Figure 5.5　Changing monthly mean atmospheric carbon dioxide mole fractions observed at Waliguan and
Mauna Loa atmospheric background stations from 1990 to 2019

Hawaii Mauna Loa station data source: US National Oceanic and Atmospheric Administration，the same below

2019 年，全球大气二氧化碳年平均本底浓度为 410.5±0.2 ppm（摩尔分数），
瓦里关全球大气本底站大气二氧化碳年平均本底浓度为 411.4±0.2 ppm，略高于全球
平均值，与北半球平均值（411.5 ppm）和冒纳罗亚站全球大气本底站（411.4 ppm）
同期观测结果基本一致（图 5.6）。

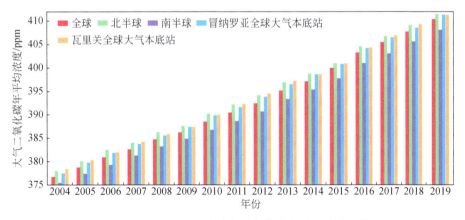

图 5.6　2004～2019 年大气二氧化碳年平均浓度变化

Figure 5.6　Changing annual mean atmospheric carbon dioxide mole fractions from 2004 to 2019

2019 年，中国 6 个区域大气本底站（北京上甸子、浙江临安、黑龙江龙凤山、湖北金沙、云南香格里拉和新疆阿克达拉）二氧化碳的年平均浓度依次为：420.2±0.3 ppm、426.2±0.4 ppm、416.2 ±0.5 ppm、416.9±2.3 ppm、411.0 ±0.2ppm 和 412.9 ±2.9 ppm（图 5.7）。

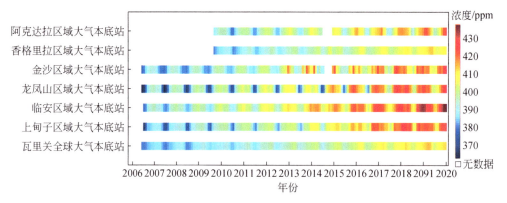

图 5.7　中国气象局 7 个大气本底站近 10 年二氧化碳月平均浓度

Figure 5.7　Monthly mean carbon dioxide mole fractions observed at seven CMA atmospheric background stations in the past 10 years

2019 年，全球大气甲烷年平均本底浓度 1877±2 ppb（摩尔分数），瓦里关全球大气本底站大气甲烷年平均本底浓度为 1931±0.3 ppb，高于全球平均值，与北半球平均值（1911 ppb）较为接近（图 5.8）。

图 5.8　2004 ～ 2019 年大气甲烷年平均浓度变化

Figure 5.8　Changing annual mean atmospheric methane mole fractions from 2004 to 2019

2019 年，全球大气氧化亚氮年平均本底浓度为 332.0±0.1ppb，瓦里关站全球大气本底站大气氧化亚氮年平均本底浓度为 332.6±0.1ppb，略高于全球平均值，与北半球平均值（332.4 ppb）及冒纳罗亚全球大气本底站（332.3 ppb）同期观测结果大体相当（图5.9）。

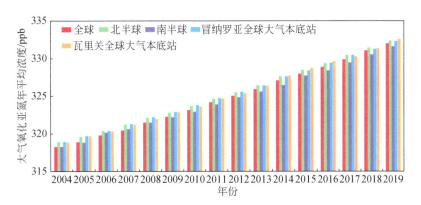

图 5.9　2004～2019 年大气氧化亚氮年平均浓度变化

Figure 5.9　Changing annual mean atmospheric nitrous oxide mole fractions from 2004 to 2019

2019 年，全球大气六氟化硫年平均本底浓度为 9.94±0.11ppt[①]（摩尔分数），瓦里关全球大气本底站大气六氟化硫年平均本底浓度为 10.11±0.14ppt，高于全球平均值，与北半球平均值（10.10ppt）及冒纳罗亚全球大气本底站（10.14ppt）同期观测结果较为接近（图 5.10）。

图 5.10　2004～2019 年大气六氟化硫年平均浓度变化

Figure 5.10　Changing annual mean atmospheric sulfur hexafluoride mole fractions from 2004 to 2019

①ppt，干空气中每万亿（$10^{12}$）个气体分子中所含的该种气体分子数。

### 5.3.2 臭氧

**1. 臭氧总量**

20 世纪 70 年代中后期全球臭氧总量开始逐渐降低，到 1992~1993 年因菲律宾皮纳图博火山（Pinatubo Volcano）爆发而降至最低点。青海瓦里关全球大气本底站和黑龙江龙凤山区域大气本底站观测结果显示，1991 年以来臭氧总量季节波动明显，但年平均值无明显增减趋势（图 5.11）。2020 年，瓦里关全球大气本底站和黑龙江龙凤

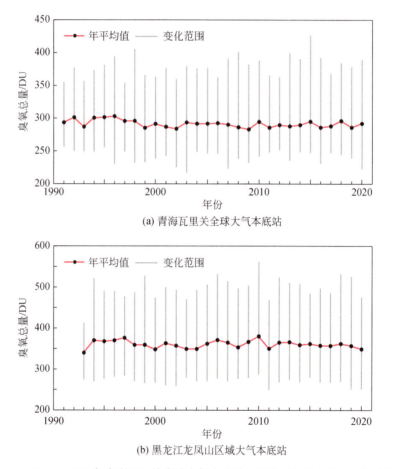

(a) 青海瓦里关全球大气本底站

(b) 黑龙江龙凤山区域大气本底站

图 5.11　1991 ～ 2020 年青海瓦里关全球大气本底站和黑龙江龙凤山区域大气本底站
观测到的臭氧总量变化

圆心实线为年平均值的变化，灰色竖线表示臭氧总量值的范围

Figure 5.11　Changing annual total ozone observed at (a) Waliguan and (b) Longfengshan
atmospheric background stations from 1991 to 2020

The red solid lines represent annual mean values, and the grey vertical lines the total ozone range

山区域大气本底站臭氧总量平均值分别为 292±31 陶普生（DU）[①]和 349±47 DU。
与 2019 年臭氧总量平均值相比，2020 年瓦里关站增加 6 DU，2019～2020 年的变
化与 2017～2018 年相似，有准两年振荡的特征（季崇萍等，2001）；龙凤山站臭氧
总量较 2019 年下降 8 DU，且年内最大值记录仅为 475 DU（2018 年和 2019 年分别
为 532 DU 和 525 DU），其应与上对流层－平流层大气环流年代际的调整有关；而
北极春季平流层臭氧损耗及其影响向南延伸也是一个重要的因素：2020 年是继 2011
年后北极地区又一次大范围的臭氧层损耗（Sinnhuber et al.，2011；Manney et al.，
2020），导致了龙凤山站 2020 年春季臭氧总量最大值以及全年平均值均有显著降低。

**2. 地面臭氧**

　　对流层臭氧占大气柱臭氧总量的十分之一，其对大气氧化性、人类健康与植被影
响明显。青海瓦里关全球大气本底站长序列的地面臭氧连续观测显示（图 5.12），
1995～2020 年，瓦里关站地面臭氧年平均浓度呈上升趋势；2020 年，瓦里关站臭
氧平均浓度为 52.4±6.6 ppb。2004～2020 年，北京上甸子区域大气本底站地面臭
氧年平均浓度亦呈上升趋势；2020 年，上甸子站臭氧平均浓度为 39.2 ±13.2 ppb。
2006～2020 年，浙江临安区域大气本底站地面臭氧年平均浓度呈弱的下降趋势，
且其浓度水平低于瓦里关站和上甸子站；2020 年，临安站地面臭氧平均浓度为
33.0±10.2 ppb。瓦里关站地面臭氧年平均浓度水平高于其他本底站，主要受平流层高
浓度向下输送以及南亚污染气团传输影响（Xu et al.，2018b）。

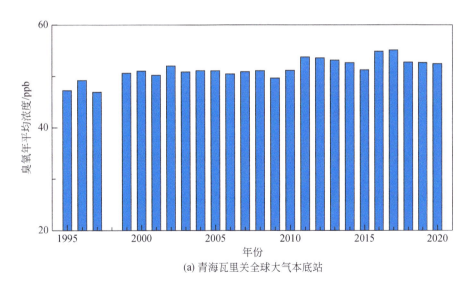

(a) 青海瓦里关全球大气本底站

①　1DU=$10^{-5}$ m/m²，表示标准状态下每平方米面积上有 0.01 mm 厚臭氧。

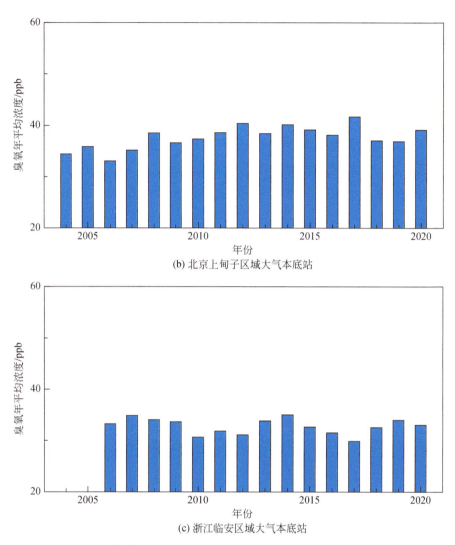

(b) 北京上甸子区域大气本底站

(c) 浙江临安区域大气本底站

图 5.12　1995 ～ 2020 年青海瓦里关全球大气本底站、北京上甸子区域大气本底站和浙江临安区域大气本底站观测到地面臭氧年平均浓度变化

Figure 5.12　Changing annual mean surface ozone concentrations observed at (a) Waliguan,
(b) Shangdianzi and (c) Lin'an atmospheric background stations from 1995 to 2020

### 5.3.3　气溶胶

气溶胶通过散射和吸收辐射直接影响气候变化，也可通过在云形成过程中扮演凝结核或改变云的光学性质和生存时间而间接影响气候。气溶胶光学厚度（Aerosol Optical Depth，AOD），是用来表征气溶胶对光的衰减作用的重要监测指标，通常光学厚度越大，代表大气中气溶胶含量越高（Che et al.，2015，2019）。2004 ～ 2014 年，北京上

甸子、浙江临安和黑龙江龙凤山区域大气本底站气溶胶光学厚度年平均值波动增加；2015～2020 年，均呈明显降低趋势（图 5.13）。2020 年，上甸子站可见光波段（中心波长 440 nm）气溶胶光学厚度平均值为 0.36±0.20，较 2019 年略有降低；临安站和龙凤山站气溶胶光学厚度平均值分别为 0.45±0.25 和 0.26±0.19，较 2019 年均有大幅下降。

选取湖北金沙、云南香格里拉和新疆阿克达拉区域大气本底站，分析近 15 年来大气细颗粒物 $PM_{2.5}$ 平均浓度的变化趋势。监测表明，2006～2020 年，湖北金沙区域大气本底站 $PM_{2.5}$ 年平均质量浓度呈显著下降趋势，且阶段性变化特征明显［图 5.14（a）］；2006～2008 年呈下降趋势，随后呈上升趋势并于 2013 年达到峰值（45.2±27.1 $\mu g/m^3$），2014 年以来呈下降趋势。2020 年，湖北金沙站 $PM_{2.5}$ 年平均质量浓度为 23.2±9.1 $\mu g/m^3$，较 2019 年略有下降。

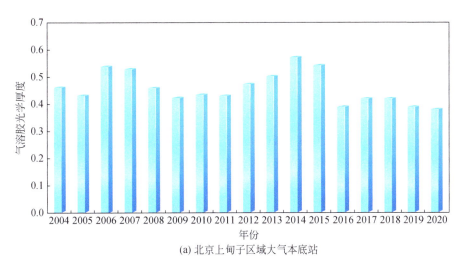

(a) 北京上甸子区域大气本底站

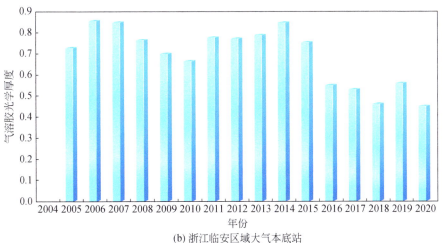

(b) 浙江临安区域大气本底站

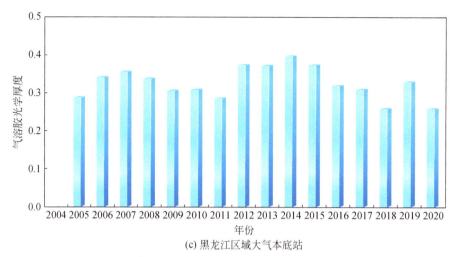

(c) 黑龙江区域大气本底站

图 5.13　2004～2020 年北京上甸子、浙江临安和黑龙江龙凤山区域大气本底站
观测到的气溶胶光学厚度年平均值变化

Figure 5.13　Changing annual mean Aerosol Optical Depth observed at (a) Shangdianzi, (b) Lin'an
and (c) Longfengshan atmospheric background stations from 2004 to 2020

　　2006～2020 年，云南香格里拉区域大气本底站 $PM_{2.5}$ 年平均质量浓度呈弱的下降趋势［图 5.14（b）］。2006～2010 年，$PM_{2.5}$ 年平均质量浓度在波动中下降；2011～2013 年逐年上升，于 2013 年达到近 15 年最大值（7.1±4.2 μg/m³），随后总体呈下降趋势。2020 年，香格里拉站 $PM_{2.5}$ 平均质量浓度为 4.2±2.8 μg/m³。

　　2006～2020 年，新疆阿克达拉区域大气本底站 $PM_{2.5}$ 年平均质量浓度总体呈增加趋势［图 5.14（c）］，2011 年平均质量浓度为近 15 年最低（6.7±1.9 μg/m³），

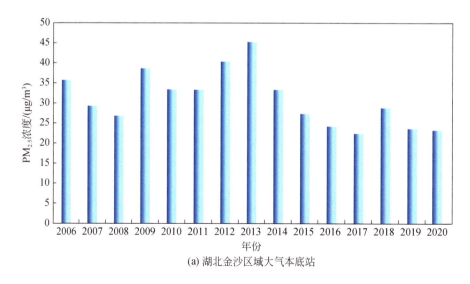

(a) 湖北金沙区域大气本底站

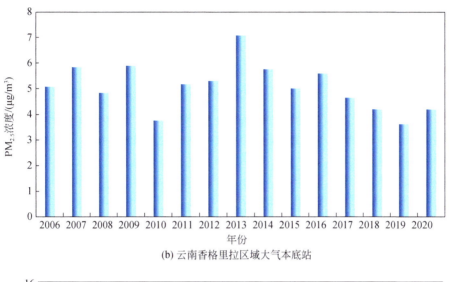

(b) 云南香格里拉区域大气本底站

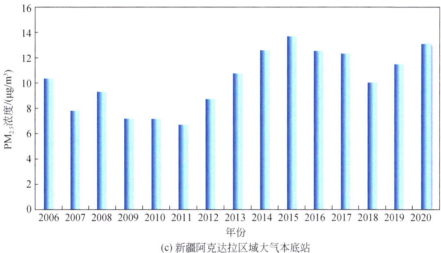

(c) 新疆阿克达拉区域大气本底站

图 5.14 2006 ～ 2020 年湖北金沙、云南香格里拉和新疆阿克达拉区域大气本底站
PM$_{2.5}$ 年平均浓度变化

Figure 5.14 Changing annual mean PM$_{2.5}$ concentrations observed at (a) Jinsha, (b) Shang-rila and

(c) Akedala atmospheric background stations from 2006 to 2020

2015 年达到最高值（13.7±6.6 μg/m$^3$）。2020 年，阿克达拉站 PM$_{2.5}$ 平均质量浓度为
13.1±7.7 μg/m$^3$，较 2019 年上升 1.6μg/m$^3$。

# 参 考 文 献

陈思蓉、朱伟军、周兵．2009.中国雷暴气候分布特征及变化趋势．大气科学学报，32(5): 703-710.

陈哲、杨溯．2014.1979-2012年中国探空温度资料中非均一性问题的检验与分析．气象学报，72(4): 794-804

程国栋、赵林、李韧，等．2019.青藏高原多年冻土特征、变化及影响．科学通报，(27): 2783-2795.

龚道溢、何学兆．2002.西太平洋副热带高压的年代际变化及其气候影响．地理学报，57(2): 185-193.

郭艳君、王国复．2019.近60年中国探空观测气温变化趋势及不确定性研究．气象学报，77(6): 1073- 1085.

胡景高、周兵、徐海明．2013.近30年江淮地区梅雨期降水的空间多型态特征．应用气象学报，24(52): 554-564.

怀保娟、李忠勤、王飞腾，等．2016.萨吾尔山木斯岛冰川厚度特征及冰储量估算．地球科学，41(5): 757-764.

黄晖、陈竹、黄林韬．2021.中国珊瑚礁状况报告(2010—2019).北京：海洋出版社．

季崇萍、邹捍、周立波．2001.青藏高原臭氧的准两年振荡．气候与环境研究，6(4): 416-424.

金章东、张飞、王红丽，等．2013.2005年以来青海湖水位持续回升的原因分析．地球环境学报，4(5): 1355-1363.

康世昌、郭万钦、钟歆玥，等．2020.全球山地冰冻圈变化、影响与适应．气候变化研究进展，16(2): 143-152.

李林、时兴合、申红艳，等．2011.1960—2009年青海湖水位波动的气候成因探讨及其未来趋势预测．自然资源学报，26(9): 1566-1575.

李双林、王彦明、郜永祺．2009.北大西洋年代际振荡(AMO)气候影响的研究综述．大气科学学报，32(3): 458-465.

李忠勤，等．2019.山地冰川物质平衡和动力过程模拟．北京：科学出版社．

刘良云．2014.植被定量遥感原理与应用．北京：科学出版社．

刘芸芸、丁一汇．2020.2020年超强梅雨特征及其成因分析．气象，46(11): 1393-1404.

林鹏．1997.中国红树林生态系统．北京：科学出版社．

刘芸芸、李维京、左金清，等．2014.CMIP5模式对西太平洋副热带高压的模拟和预估．气象学报，72(2): 277-290.

马金玉、罗勇、申彦波，等．2012.近50年中国太阳总辐射长期变化趋势．中国科学：地球科学，42(10): 1597-1608.

潘蔚娟、吴晓绚、何健，等．2021.基于均一化资料的广州近百年气温变化特征研究．气候变化研究进展，17(4): 444-454.

秦大河、姚檀栋、丁永建，等．2020.冰冻圈科学体系的建立及其意义．中国科学院院刊，35(4): 394- 406.

全国气候与气候变化标准化技术委员会. 2017. 厄尔尼诺 / 拉尼娜事件判别方法 : GB/T 33666—2017.
    北京 : 中国标准出版社.

邵佳丽, 郑伟, 刘诚. 2015. 卫星遥感洞庭湖主汛期水体时空变化特征及影响因子分析. 长江流域资源
    与环境, 24(8): 1315-1321.

施能, 朱乾根, 吴彬贵. 1996. 近 40 年东亚夏季风及我国夏季大尺度天气气候异常. 大气科学, 20(5):
    575-583.

王文卿, 王瑁. 2007. 中国红树林. 北京 : 科学出版社.

效存德, 苏渤, 窦挺峰, 等. 2020. 极地系统变化及其影响与适应新认识. 气候变化研究进展, 16(2):
    153-162.

杨萍, 张海峰, 曹生奎. 2013. 青海湖水位下降的生态环境效应. 青海师范大学学报 ( 自然科学版 ),
    35(3): 62-65.

杨修群, 朱益民, 谢倩, 等. 2004. 太平洋年代际振荡的研究进展. 大气科学, 28 (6): 979-992.

姚檀栋. 2019. 青藏高原水 - 生态 - 人类活动考察研究揭示 "亚洲水塔" 的失衡及其各种潜在风险. 科
    学通报, 64 (27): 2761-2762.

叶骏菲, 陈燕丽, 莫伟华, 等. 2019. 典型喀斯特区植被变化及其与气象因子的关系——以广西百色市
    为例. 沙漠与绿洲气象, 13(5): 106-113.

俞小鼎, 周小刚, 王秀明. 2012 雷暴与强对流临近天气预报技术进展. 气象学报, 70(3): 311-337.

张健, 何晓波, 叶柏生, 等. 2013. 近期小冬克玛底冰川物质平衡变化及其影响因素分析. 冰川冻土,
    35(2): 263-271.

张廷军, 车涛. 2019. 北半球积雪及其变化. 北京 : 科学出版社.

赵林, 胡国杰, 邹德富, 等. 2019. 青藏高原多年冻土变化对水文过程的影响. 中国科学院院刊, 34(11):
    1233-1246.

朱立平, 鞠建廷, 乔宝晋, 等. 2019. "亚洲水塔" 的近期湖泊变化及气候响应 : 进展、问题与展望.
    科学通报, 64(27): 2796-2806.

朱艳峰. 2008. 一个适用于描述中国大陆冬季气温变化的东亚冬季风指数. 气象学报, 66(5): 781-788.

自然资源部国土卫星遥感应用中心. 2019. 中国红树林遥感监测研究 (1978—2018 年 ). 北京 : 地质出版
    社.

Abraham J P, Baringer M, Bindoff N L, et al. 2013. A review of global ocean temperature observations:
    Implications for ocean heat content estimates and climate change. Reviews of Geophysics, 51(3): 450-483.

Bjerknes J. 1964. Atlantic air-sea interaction. Advances in Geophysics, 10(1): 1-82.

Che H Z, Xia X G, Zhao H J, et al. 2019. Spatial distribution of aerosol microphysical and optical properties
    and direct radiative effect from the China Aerosol Remote Sensing Network. Atmospheric Chemistry and
    Physics, 19(18): 11843-11864.

Che H Z, Zhang X Y, Xia X G, et al. 2015. Ground-based aerosol climatology of China: aerosol optical depths
    from the China Aerosol Remote Sensing Network (CARSNET) 2002–2013. Atmospheric Chemistry and
    Physics, 15(13): 7619-7652.

Chen C, Gao Z Q, Tang J W. et al. 2015. Seasonal and interannual variations of carbon exchange over a rice–
    wheat rotation System on the North China Plain. Advance in Atmospheric Sciences, 32(10): 1365-1380.

Chen Y L, Mo W H, Mo J F, et al. 2021a. Changes in vegetation and assessment of meteorological conditions in ecologically fragile karst areas. Journal of Meteorological Research, 35(1): 172-183.

Chen S Y, Chen B, Chen G C, et al. 2021b. Higher soil organic carbon sequestration potential at a rehabilitated mangrove comprised of Aegiceras corniculatum compared to Kandelia obovata. Science of The Total Environment, 752: 142279.

Cheng L , Abraham J, Hausfather Z, et al. 2019. How fast are the oceans warming?. Science, 363(6423): 128-129.

Cheng L, Abraham J, Trenberth K, et al. 2021. Upper ocean temperatures hit record high in 2020. Advances in Atmospheric Sciences, 38(4): 523-530.

Cheng L, Trenberth K, Fasullo J, et al. 2017. Improved estimates of ocean heat content from 1960-2015. Science Advances, 3(e1601545).

Clette F, Lefèvre L. 2016. The new sunspot number: assembling all correction. Solar Physics, 291: 2629-2651.

Clette F, Svalgaard L, Vaquero J, et al. 2014. Revisiting the sunspot number–a 400 year perspective on the solar cycle. Space Science Review, 186: 35-103.

Dai J H, Wang H J, Ge Q S. 2014. The spatial pattern of leaf phenology and its response to climate change in China. International Journal of Biometeorology, 58(4): 521-528.

Ding Y J, Mu C C, Wu T H, et al. 2021. Increasing cryospheric hazards in a warming climate. Earth-Science Reviews, 213: 103500.

Ge Q S, Wang H J, Rutishauser T, et al. 2015. Phenological response to climate change in China: a meta-analysis. Global Change Biology, 21(1): 265-274.

Guo Y J, Weng F Z, Wang G F, et al. 2020. The long-term trend of upper-air temperature in China derived from microwave sounding data and its comparison with radiosonde observations. Journal of Climate, 33(18): 7875-7895.

IPCC. 2019. Summary for policymakers // Pörtner H O, Roberts D C, Masson-Delmotte V, et al. IPCC Special Report on the Ocean and Cryosphere in a Changing Climate. https://www.ipcc.ch/srocc/chapter/summary-for-policymakers/［2021-04-30］.

Jones P D. 1994. Hemispheric surface air temperature variations: a reanalysis and an update to 1993. Journal of Climate, 7(11): 1794-1802.

Keeling C D, Bacastow R B, Bainbridge A E, et al. 1976. Atmospheric carbon dioxide variations at Mauna Loa Observatory, Hawaii. Tellus, 28(6): 538-551.

Li G, Cheng L, Zhu J, et al. 2020. Increasing ocean stratification over the past half century. Nature Climate Change, 10: 1116-1123.

Liu J D, Linderholm H, Chen D L, et al. 2015. Changes in the relationship between solar radiation and sunshine duration in large cities of China. Energy, 82 : 589-600.

Manney G L, Livesey N J, Santee M L, et al. 2020. Record-low Arctic stratospheric ozone in 2020: MLS observations of chemical processes and comparisons with previous extreme winters. Geophysical Research Letters, 47: e2020GL089063.

Mantua N J, Hare S R, Zhang Y, et al. 1997. A Pacific interdecadal climate oscillation with impacts on salmon production. Bulletin of the American Meteorological Society, 78: 1069-1079.

Meredith M, Sommerkorn M, Cassotta S, et al. 2019. Polar Regions. // Pörtner H O, Roberts D C, Masson-Delmotte V, et al. IPCC Special Report on the Ocean and Cryosphere in a Changing Climate. https: //www. ipcc.ch/srocc/〔2021-04-30〕.

Meyssignac B, Boyer T, Zhao Z, et al. 2019. Measuring global ocean heat content to estimate the earth energy imbalance. Frontiers in Marine Science, 6: 432.

Mu C C, Abbott B W, Norris A J, et al. 2020. The status and stability of permafrost carbon on the Tibetan Plateau. Earth-Science Reviews, 211: 103433.

Rayner N A, Parker D E, Horton E B, et al. 2003. Global analyses of sea surface temperature, sea ice, and night marine air temperature since the late nineteenth century. Journal of Geophysical Research, 108(D14): 4407.

Rhein M, Rintoul S R, Aoki S, et al. 2013. Observations: Ocean// Stocker T F, Qin D, Plattner G K, et al.Climate Change 2013: The Physical Science Basis. Contribution of Working Group I to the Fifth Assessment Report of the Intergovernmental Panel on Climate Change. Cambridge: Cambridge University Press.

Saji N H, Goswami B N, Vinayachandr P N, et al. 1999. A dipole mode in the tropical Indian Ocean. Nature, 401(6751): 360-363.

Sinnhuber B M, Stiller G, Ruhnke R, et al. 2011. Arctic winter 2010/2011 at the brink of an ozone hole. Geophysical Research Letters, 38(24): L24814.

Shi Y, Xia Y F, Lu B H, et al. 2014. Emission inventory and trends of $NO_x$ for China, 2000–2020. Journal of Zhejiang University SCIENCE A, 15(6): 454-464.

Shirving W, Marsh B, De La Cour J, et al. 2020. Coral Temp and the coral reef watch coral bleaching heat stress product suite version 3.1. Remote Sensing, 12(23): 1-10.

Thompson D W J, Wallace J M. 1998. The Arctic Oscillation signature in the wintertime geopotential height and temperature fields. Geophysical Research Letters, 25(9): 1297-1300.

Wang P Y, Li Z Q, Li H L, et al. 2014. Comparison of glaciological and geodetic mass balance at Urumqi Glacier No.1, Tian Shan, Central Asia. Global and Planetary Change, 14: 14-22.

Wang Y J, Hu Z Z, Yan F. 2017. Spatiotemporal variations of differences between surface air and ground temperatures in China. Journal of Geophysical Research-Atmospheres, 122(15): 7990-7999.

Wang Y J, Song L C, Ye D X, et al. 2018. Construction and application of a climate risk index for China. Journal of Meteorological Research, 32(6): 937-949.

Webster P J, Moore A M, Loschnigg J P, et al. 1999. Coupled ocean-atmosphere dynamics in the Indian Ocean during 1997-98. Nature, 401: 356-360.

Webster P J, Yang S. 1992. Monsoon and ENSO: Selectively interactive systems. Quarterly Journal of the Royal Meteorological Society, 118: 877-926.

WMO. 2021. WMO Statement on the State of the Global Climate in 2020. WMO_No.1264: 6-45. https: // library.wmo.int/index.php?lvl=notice_display&id=21880#.YJhY8OR7mUl〔2021-04-30〕.

Xu C H, Li Z Q, Li H L, et al. 2019. Long-range terrestrial laser scanning measurements of annual and intra-annual mass balances for Urumqi Glacier No. 1, eastern Tien Shan, China. The Cryosphere, 13(9): 2361-2383.

Xu W H, Li Q X, Jones P, et al. 2018a. A new integrated and homogenized global monthly land surface air temperature dataset for the period since 1900. Climate Dynamics, 50: 2513-2536.

Xu W, Xu X, Lin M, et al. 2018b. Long-term trends of surface ozone and its influencing factors at the Mt Waliguan GAW station, China – Part 2: the roles of anthropogenic emissions and climate variability. Atmospheric Chemistry and Physics, 18: 773-798.

Zemp M, Huss M, Thibert E, et al. 2019. Global glacier mass changes and their contributions to sea-level rise from 1961 to 2016. Nature, 568: 382-386.

Zhang Y, Wallace J M, Battisti D S. 1997. ENSO-like interdecadal variability: 1900-93. Journal of Climate, 10: 1004-1020.

Zhou L X, Conway T J, White J W C, et al. 2005. Long-term record of atmospheric $CO_2$ and stable isotopic ratios at Waliguan Observatory: Background features and possible drivers, 1991–2002. Global Biogeochemical Cycles, 19(3): GB3021.

# 附录 I　　数据来源和其他背景信息

**本报告中所用资料来源**

英国气象局哈德利中心（全球海表温度）：www.metoffice.gov.uk

中国科学院大气物理研究所（全球海洋热含量）：www.iap.ac.cn

国家海洋信息中心（海平面）：www.nmdis.org.cn

中国香港天文台（香港气温、降水量，维多利亚港验潮站海平面高度）：www.
weather.gov.hk

中国科学院冰冻圈科学国家重点实验室（冰川、多年冻土）：www.sklcs.ac.cn

世界冰川监测服务处（全球参照冰川物质平衡）：www.wgms.ch

美国国家冰雪数据中心（南、北极海冰范围）：nsidc.org/

中国物候观测网（植物物候）：www.cpon.ac.cn

青海省水利厅（青海湖水位）：slt.qinghai.gov.cn/

比利时皇家天文台（太阳黑子相对数）：www.astro.oma.be

美国国家海洋与大气管理局（海表温度、夏威夷冒纳罗亚全球大气本底站温室气
体浓度）：www.noaa.gov

世界气象组织全球大气观测计划（全球温室气体浓度）：www.wmo.int/gaw/

本报告中所用其余数据均源自中国气象局，其中气温、相对湿度、风速和日照时
数使用国家气象信息中心发布的均一化数据集。

**主要贡献单位**

国家气候中心、国家气象中心、国家卫星气象中心、国家气象信息中心、中国气
象局气象探测中心、公共气象服务中心、中国气象科学研究院，北京市气象局、辽宁
省气象局、黑龙江省气象局、上海市气象局、安徽省气象局、湖北省气象局、广东省
气象局、广西壮族自治区气象局、西藏自治区气象局、甘肃省气象局、青海省气象局、
香港天文台、中国科学院冰冻圈科学国家重点实验室、中国科学院大气物理研究所、
中国科学院地理科学与资源研究所、中国科学院南海海洋研究所，自然资源部第三海
洋研究所、国家海洋信息中心等。

# 附录 II 术 语 表

**冰川物质平衡**：物质平衡是指单位时间内冰川上以固态降水形式为主的物质收入（积累）与以冰川消融为主的物质支出（消融）的代数和。该值为负时，表明冰川物质发生亏损；反之则冰川物质发生盈余。

**常年值**：在本报告中，"常年值"是指 1981～2010 年气候基准期的常年平均值。凡是使用其他平均期的值，则用"平均值"一词。

**地表水资源量**：某特定区域在一定时段内由降水产生的地表径流总量，其主要动态组成为河川径流总量。

**地表温度**：指某一段时间内，陆地表面与空气交界处的温度。

**多年冻土退化**：在一个时段内（至少数年）多年冻土持续处于下列任何一种或者多种状态：多年冻土温度升高、活动层厚度增加、面积缩小。

**二氧化碳通量**：单位时间内通过单位面积的二氧化碳的量（质量或者物质的量）。

**海洋热含量**：是指一定体积海水的热能的变化，其由水体温度、密度和比热容三者乘积的体积积分计算。

**海水热周度**：某一海域的海水平均温度减去长期夏季平均温度之后乘以维持当前水温的周数，通常当热周度超过 4 则有珊瑚白化风险，超过 8 则可能发生广泛的珊瑚白化甚至死亡事件。

**活动层厚度**：多年冻土区年最大融化深度，在北半球一般出现在 8 月底至 9 月中，厚度在数十厘米至数米之间。

**活动积温**：是指植物在整个年生长期中高于生物学最低温度之和，即大于某一临界温度值的日平均气温的总和。

**积雪覆盖率**：监测区域内的积雪面积与区域总面积的比值。

**季节最大冻结深度**：在季节冻土区，冷季地表土层温度低于冻结温度后，土壤中的水分冻结成冰，从地面到冻结线之间的垂直距离称为冻结深度。最大冻结深度是标准气象观测场内的冻结深度的最大值。

**径流深**：在某一时段内通过河流上指定断面的径流总量（m³ 计）除以该断面以上

的流域面积（以 m² 计）所得的值，其相当于该时段内平均分布于该面积上的水深（以 mm 计）。

**径流总量：** 在一定的时间里通过河流某一断面的总水量，单位是 m³ 或 10⁸ m³。

**冷夜日数：** 指日最低气温小于 10% 分位值的日数。

**陆地表面平均气温：** 指某一段时间内，陆地表面气象观测规定高度（1.5 m）上的空气温度值的面积加权平均值。

**摩尔分数：** 或称摩尔比例，是一给定体积内某一要素的物质的量（摩尔）与该体积内所有要素的摩尔数之比。

**年累计暴雨站日数：** 指一定区域范围内，一年中各站点达到暴雨量级的降水日数的逐站累计值。

**年平均降水日数：** 指一定空间范围内，各站点一年中降水量大于等于 0.1 mm 日数的平均值。

**年总辐射量：** 指地表一年中所接受到的太阳直接辐射和散射辐射之和。

**暖昼日数：** 指日最高气温大于 90% 分位值的日数。

**平均年降水量：** 指一定区域范围内，一年降水量总和（mm）的面积加权平均值。

**气溶胶光学厚度：** 定义为大气气溶胶消光系数在垂直方向上的积分，主要用来描述气溶胶对光的衰减作用，光学厚度越大，代表大气中气溶胶含量越高。

**全球地表平均温度：** 是指与人类生活的生物圈关系密切的地球表面的平均温度，通常是基于按面积加权的海表温度（SST）和陆地表面 1.5m 处的表面气温的全球平均值。

**石漠化：** 是指在湿润、半湿润气候条件和岩溶极其发育的自然背景下，受人为活动干扰，使地表植被遭受破坏、土壤严重流失，基岩大面积裸露或砾石堆积的土地退化现象。

**酸雨：** pH 小于 5.60 的大气降水，大气降水的形式包括雨、雪、雹等。

**酸雨频率：** 某段时间（年，或季，或月）内日降水 pH 小于 5.60 的出现频率（%）。

**太阳黑子相对数：** 表示太阳黑子活动程度的一种指数，是瑞士苏黎世天文台的 J.R. 沃尔夫在 1849 年提出的，因而又称沃尔夫黑子数。

**物候：** 是指自然界的生物（主要指植物和动物）在不同季节受到气候影响出现的各种不同的生命现象，如植物的展叶、开花、结实和落叶，动物界候鸟的迁徙等都是物候。

**植被指数：** 对卫星不同波段进行线性或非线性组合以反映植物生长状况的量化信息，本报告使用归一化差植被指数。

**中国气候风险指数：** 基于历史气候资料和极端天气气候事件致灾阈值，计算雨涝、干旱、台风、高温和低温冰冻 5 种气象灾害风险，结合社会经济数据和多年各灾种造成的损失，对 5 种气象灾害风险进行综合定量化评价的指数。